AF855546

Dialektik und Systemdenken

Akademie der Wissenschaften der DDR
Zentralinstitut für Philosophie

Schriften
zur Philosophie und ihrer Geschichte

10

Helga Bergmann · Ulrich Hedtke
Peter Ruben · Camilla Warnke

Dialektik und Systemdenken

Historische Aspekte

Nikolaus von Kues
Französische Aufklärung
Schelling

Akademie-Verlag · Berlin
1977

Erschienen im Akademie-Verlag, 108 Berlin, Leipziger Str. 3–4
© Akademie-Verlag Berlin 1977
Lizenznummer: 202 · 100/26/77
Gesamtherstellung: IV/2/14 VEB Druckerei „Gottfried Wilhelm Leibniz",
445 Gräfenhainichen · 5016
Umschlaggestaltung: Willi Bellert
Bestellnummer: 753 334 9 (2178/10) · LSV 0125
Printed in GDR
DDR 10,–

Inhalt

Einführung

Philosophiegeschichte zu betreiben, ist ein Unternehmen, das – wie jede Erkenntnis – nie abgeschlossen wird. Jede historische Gegenwart bringt praktische und theoretische Innovationen hervor, die philosophisch zu reflektieren und zu bewerten sind und deren Stellenwert im Kontext der zeitgenössischen Bewegungen zu ermitteln, unabweisbar auch ihre Einordnung in die vertikale Bewegung der Geschichte verlangt. Ja, die der Epoche jeweils eigentümlichen neuen Problemstellungen und -lösungen sind es gerade, die immer wieder zum Rückgang in die Geschichte auffordern, weil sie – einen neuen Blickwinkel auf die Gestalten der Vergangenheit eröffnend – uns dazu verhelfen, am scheinbar durch und durch Bekannten bislang nicht gesehene Aspekte wahrzunehmen.

Der seit den dreißiger Jahren unseres Jahrhunderts in Gang gekommene Prozeß der Verselbständigung des Systemaspekts der empirisch-realen Dinge zum Gegenstand eines eigenständigen Wissenschaftszweiges ist eine der tiefgreifenden Innovationen unserer Zeit. Dieser bewies seine Lebenskraft schon dadurch, daß er sich innerhalb von nur wenigen Jahrzehnten in eine Fülle von Unterdisziplinen differenzierte (z. B. Kybernetik, Allgemeine Systemtheorie, Spieltheorie, Operationsforschung) und daß die Ergebnisse und Methoden dieser Disziplinen in nahezu allen der traditionellen Einzelwissenschaften nunmehr zur Anwendung gelangen. Mit Recht ist daher behauptet worden, daß das Systemdenken unser wissenschaftliches Weltbild verändert hat. Die charakteristischen Züge jenes Weltbilds, das vor dem Entstehen der Systemwissenschaften herrschte, hat L. v. Bertalanffy treffend, wie folgt, beschrieben: „Im Weltbild des Mechanizismus, das die klassische Physik des 19. Jahrhunderts hervorgebracht hatte, schuf das ziellose Spiel der Atome, das durch die unerschütterlichen Gesetze der Kausalität regiert wurde, alle Erscheinungen der Welt: die der unbelebten, der belebten und der psychischen. Es blieb keinerlei Raum für Gerichtetheit, Ordnung oder Telos. Die Welt der Organismen schien ein Produkt des Zufalls zu sein, angehäuft durch das sinnlose Spiel von blinden Mutationen und der Selektion; die psychische Welt war ein höchst inkonsequentes Epiphänomen materieller Ereignisse ... Das einzige Ziel der Wissenschaft schien die Analyse zu sein, d. h. die Aufsplitterung der Realität in immer kleinere Einheiten und die Isolierung einzelner Kausalbeziehungen. Die physikalische Realität wurde in Massenpunkte oder Atome zerlegt, der lebendige Organismus in Zellen, das Verhalten in Reflexe, die Wahrnehmungen in Einzelempfindungen usw. Damit im Einklang galt die Kausalität wesentlich als lineare . . .: ein Gen eines befruchteten Ovars produziert einen so und so beschaffenen Charakter, eine Art von Bakterien ruft diese oder jene Krankheit hervor, die Elemente des Psychischen sind durch das Gesetz der Assoziation wie Perlen auf einer Schnur aufgefädelt." [1]

Dieses in sich geschlossene Weltbild der Wissenschaften des 19. Jahrhunderts stand – populär gesprochen – gewissermaßen unter dem Leitsatz: Das Ganze ist gleich der Summe seiner Teile. Dem wollen L. v. Bertalanffy und andere Vertreter der Systemwissenschaften ein neues, ebenso in sich geschlossenes, Weltbild gegenüberstellen, das die Systemnatur der Dinge thematisiert und dessen oberster Leitsatz nun eine andere Maxime sein soll, die Maxime: das Ganze ist mehr als die Summe seiner Teile.

Der Impuls für diese Wende aber ging von verschiedenen unabweisbaren praktischen und theoretischen Bedürfnissen aus. War es im Falle von L. v. Bertalanffy das Problem des analytischen Zugriffs auf die Systemhaftigkeit biologischer Objekte (die er im Rückgriff auf die Thermodynamik als offene Systeme bestimmte), das seiner Systemtheorie Pate stand, so war es im Falle von N. Wiener die Struktur und Funktionsweise moderner technischer Objekte vom Typ autoregulativer Maschinen. In beiden Fällen ist das Phänomen der inneren Organisiertheit und der Zielorientiertheit das *wesentliche*, d. h. es werden genau diese Eigenschaften der Objekte als die zu erklärenden vorausgesetzt. Und eben an ihnen muß die reduktionistische Erklärung im Sinne des Mechanizismus notwendig scheitern.

Impulse, die Systemhaftigkeit der Realität der wissenschaftlichen Untersuchung zuzuführen, kamen gleichermaßen aber auch aus den Bedürfnissen der Lenkung gesellschaftlicher Prozesse. Die im Zuge der Konzentration, Zentralisation und Vergesellschaftung der Produktion entstandenen riesigen Produktionseinheiten können – sollen sie beherrschbar sein – nicht anders denn als Systeme behandelt werden.

Die streng wissenschaftliche Analyse der Systemhaftigkeit der Objekte aber erfolgt wesentlich über ihre mathematische Darstellung, durch die die spekulative Formel, daß das Ganze mehr sei als die Summe seiner Teile, präzisen analytischen Sinn erhält. Was L. v. Bertalanffy als Ziel einer Allgemeinen Systemtheorie formuliert – „in ihrer ausgearbeiteten Form wird sie eine logisch-mathematische Disziplin, eine rein formale Theorie sein, die auf verschiedene empirische Wissenschaften anwendbar ist" [2] – kann als Tendenz für alle Disziplinen gelten, die System unter irgendeinem Aspekt zum Thema haben, sei es der Aspekt ihrer Strukturiertheit oder ihrer Funktionalität, ihrer Erhaltungs- und Veränderungsbedingungen gegenüber der Umwelt oder ihrer inneren Organisation.

Dieser Bezug der Systemwissenschaften zur Mathematik deutet bereits darauf

1 L. v. Bertalanffy: General System Theory. New York 1968, S. 45
2 Ebenda, S. 36

hin, daß ihr Gegenstand *abstrakte Objekte* sind. Es wird die allgemeine Eigenschaft der empirisch-realen Gegenstände Systeme zu sein aus ihrem Kontext mit den anderen Eigenschaften dieser Objekte herausgelöst und für sich betrachtet. Somit kann auch gesagt werden: die Systemwissenschaften bilden die empirisch-realen Objekte abstrakt, weil nur hinsichtlich eines bestimmten Aspekts ab. Das zeigt sich auch in der sprachlichen Struktur ihrer Aussagen. Ihre Subjekte bezeichnen nicht empirisch-reale Dinge, sondern sind immer Ausdrücke für das „abstrakte Ding" System (resp. Struktur, Funktion usw.). Daher werden hier Aussagen folgenden Typs formuliert: „Es gibt geschlossene und offene Systeme", „Systeme bestehen aus Mengen von Elementen und Mengen von Relationen". Das heißt die Aussagen der Systemwissenschaften zielen darauf ab, die Eigenschaft der Systemhaftigkeit näher zu bestimmen.

Genau hierin aber markiert sich das zeitgenössische Novum in bezug auf die Widerspiegelung des Systemaspekts der Realität. Bis zum Entstehen der Systemwissenschaften gab es Systemdenken nur als immanentes Moment von bestimmten Philosophien (bzw. die traditionellen Einzelwissenschaften konstatierten nebenher auch noch die Systemhaftigkeit ihrer Objekte). Damit war es in einen Kontext eingebettet, von dem es jeweils seine qualitative Spezifik und seinen Stellenwert erhielt. Es existierte somit stets nur in der Vermittlung mit anderen allgemeinen Aussagen über die Beschaffenheit der Realität, in der Regel in sprachlichen Ausdrücken, in denen es die Stelle des Prädikats einnahm. Daher begegnen wir in der Geschichte der Philosophie – je nach dem Typ von Philosophie, in dem es auftritt – Gestalten des Systemdenkens, die als dialektisches Systemdenken bezeichnet werden können, und Gestalten, für die diese Charakteristik nicht zutrifft.

Diese Situation hat sich grundlegend geändert, seitdem das Systemdenken zum Gegenstand einer selbständigen Fachdisziplin wurde. Jetzt besteht die Beziehung der Philosophie zum Systemdenken darin, die philosophische Rekonstruktion der Systemwissenschaften zu leisten, das heißt zu erklären, welche Aspekte der objektiven Realität durch sie erfaßt werden und in welcher Weise sie diese widerspiegelt.

Damit dürfte aber auch einsichtig sein, daß im Hinblick auf die Systemwissenschaften eine unmittelbare Identifizierung von Systemdenken und dialektischem Denken nicht vorgenommen werden kann, sondern, wie in bezug auf andere Wissenschaften auch, vielmehr die Frage zu stellen ist, inwiefern es sich bei den Aussagen der Systemwissenschaften um die analytische Darstellung dialektischer Verhältnisse handelt.

Die Beiträge dieses Bandes beziehen sich durchweg auf ein Systemdenken, das im Rahmen der Philosophie verbleibt. Sofern in ihrer Geschichte die Systemhaftigkeit der Realität unter der Voraussetzung des Widerspruchs gedacht wurde, hielten wir es für gerechtfertigt, von dialektischem Systemdenken zu sprechen. Es gibt in der Geschichte der Philosophie aber keine eindeutige Korrespondenz zwischen Dialektik und Systemdenken. Und in bezug auf die Natur der zeitgenössischen Systemwissenschaften schließlich glauben wir vertreten zu können, daß die Bezeichnung dialektisches oder undialektisches Systemdenken im oben angegebenen Sinne irrelevant wäre.

Es versteht sich, daß in einem Weltbild, in dem das Ganze als das bloße Aggregat oder als die Summe seiner Bestandteile aufgefaßt wird und das von der Vorstellung getragen ist die Erkenntnis des Ganzen könne als Produkt aus der Analyse der Teile gewonnen werden, das Verhältnis von Ganzem und Teil keine Probleme in sich zu enthalten scheint. Es wird daher hier auch nicht zum Thema expliziter Überlegungen. Es versteht sich außerdem: Aus dieser Sichtweise kann kein Verständnis dafür aufgebracht werden, daß die Diskussion um die Ganzes-Teil-Problematik spätestens seit Platons „Parmenides" ebenso ihre Geschichte hat wie andere philosophische Probleme und daß sie in bestimmten Perioden sogar im Zentrum der philosophischen Reflexion stand. Dieser Aspekt der Geschichte der Philosophie wird aus klassisch-mechanizistischer Sicht notwendig ignoriert, resp. da, wo er wahrgenommen wird, in bezug auf seinen rationalen Gehalt nicht verstanden und als irrationalistischer Abfall denunziert.

Hand in Hand mit der Entdeckung der Systemhaftigkeit der Objekte und den Anstrengungen, diese zu einem eigenständigen Gegenstand der wissenschaftlichen Forschung zu machen, Hand in Hand mit der Etablierung des dabei benötigten Begriffsapparats und methodischen Instrumentariums erfolgte ein Sichtwechsel. Man bekam einen Blick dafür, daß in der Geschichte der Philosophie längst Lösungsansätze für das Teil-Ganzes-Problem vorhanden sind, die zwar im Sinne der heutigen mathematisierten Systemwissenschaften als spekulativ gelten müssen, die aber dennoch den Ergebnissen der Systemwissenschaften nahekommen. Und so begann man sporadisch und im punktuellen Zugriff mit der Suche nach Vorläufern. L. v. Bertalanffy gibt als ihm verwandte Geister Nikolaus von Kues, Leibniz und Goethe an,[1] und G. Klaus hat meines Wissens als erster und zu Recht darauf aufmerksam gemacht, daß Hegel bei seinem Unternehmen, das Phänomen der Zielstrebigkeit biologischer Prozesse naturimmanent zu erklären, modernen, auf der Systemvorstellung fußenden Theorien sehr nahe kommt.[2]

Die systematische Erforschung der Geschichte des Systemdenkens steht jedoch noch aus. Der meines Wissens bisher einzige Ansatz in dieser Richtung ist die umfang- und materialreiche Studie von H. Rombach, in der Stationen der Ausbildung des Systemdenkens von der Auflösung des mittelalterlichen Weltbildes bis zu Kant verfolgt werden.[3] Sosehr diese Studie auch zu weiteren Untersuchungen anzuregen vermag, und so treffend einzelne Zusammenhänge auch gesehen sind: insgesamt wird hier der Werdegang des Systemdenkens verzerrt,

1 Vgl. ebenda. Diese Namen sind dem Buch im Sinne einer Widmung vorangestellt.

2 Vgl. G. Klaus: Das Verhältnis von Kausalität und Teleologie in kybernetischer Sicht. Hrsg. von der Bulgarischen Akademie der Wissenschaften. Sofia 1961

3 H. Rombach: Substanz, System, Struktur. Die Ontologie des Funktionalismus und der philosophische Hintergrund der modernen Wissenschaften. Bd. I, II. Freiburg/München 1965–66

weil ihr Verfasser ihn von einem Standpunkt reflektiert, der mittels der Hypostasierung der Begriffe des zeitgenössischen Systemdenkens zustande kommt.

Die genannte Studie zur Geschichte des Systemdenkens fungiert nämlich für Rombach wesentlich als historische Legitimation seiner Philosophie. Und diese besteht – wie schon gesagt – in dem Versuch, auf der Basis der von den Systemwissenschaften gebildeten und verwendeten Begriffe einen neuen Typ von Philosophie schaffen zu wollen. Rombach nennt seine Philosophie „Strukturontologie"[1], und ihre Grundkategorien sind Begriffe wie „Funktion", „Struktur" und „Relation". Hinter dem Namen der Strukturontologie aber verbirgt sich ein philosophisches Programm: das Programm der Liquidation jeglicher „Substanzenontologie", worunter Rombach jede Philosophie versteht, die an einem irgendwie beschaffenen An-sich-Sein der Dinge, das heißt an ihrer wie auch immer aufgefaßten Gegenständlichkeit und Materialität festhält.

Rombachs Ansatz ist, genauer gesagt, der: Wenn wir von Dingen sprechen, verbinden wir damit in traditioneller Sicht die Vorstellung einer gewissen Eigenständigkeit und diese wurde seit Aristoteles im Substanzbegriff fixiert. Aber diese Substantialität ist nur Schein, denn in Wahrheit lösen sich die Dinge in Funktionen auf. Funktion aber ist nach Rombach „Unselbständigkeit", „Angelegtheit auf Anderes", „Sein im Anderen".[2]

Rombachs Aussage lautet somit: Die Dinge sind nichts als Funktionen, nichts als ihre jeweilige Äußerung im jeweiligen Zusammenhang. Etwas ist nur noch das, was es zu bewirken imstande ist. Das heißt die Wirklichkeit wird von Rombach auf die bloße Wirkungsfähigkeit reduziert. Wenn wir dem noch hinzufügen, daß Sein-für-Anderes traditionell der Titel für die philosophische Kategorie der Erscheinung ist, dann können wir Rombachs Philosophie – wie er es selbst ja auch tut – dem Typ der phänomenologischen Philosophie zurechnen.[3]

Wir wollen und können hier die Strukturontologie Rombachs nicht weiter analysieren. Uns geht es für unseren Kontext lediglich darum, deutlich zu machen, in welcher Hinsicht seine Geschichte des Systemdenkens deren realen Werdegang verzerrt. Sie ist konzipiert als die Geschichte der stufenweisen Annäherung des Denkens der neuzeitlichen Philosophie an Rombachs philosophische Position. Das bedeutet, mittels des hypostasierten Funktionsbegriffs erfolgt die Auswahl dessen, was für die Geschichte des Systemdenkens als historisch bedeutsam gelten kann; ausgeblendet, respektive als unterhalb des Begriffs bleibend abgewertet wird, was nicht in diese Entwicklungslinie gehört. Unter anderem sind das die Beziehungen von Systemdenken, Dialektik und Materialismus.

Die marxistische Philosophie ist nicht Phänomenologie. Ihr Verhältnis zum Systemdenken kann daher nicht das Rombachs sein. Folglich konnten die von

1 H. Rombach: Strukturontologie. Eine Phänomenologie der Freiheit. Freiburg/München 1971

2 Vgl. H. Rombach: Substanz, System, Struktur. Bd. I, a. a. O., S. 11–13

3 Rombach nennt seine Strukturontologie im Buchtitel selbst eine Phänomenologie.

Rombach an die Geschichte des Systemdenkens angelegten Kriterien der Auswahl und der Bewertung nicht die unseren sein. Das soll im folgenden erläutert werden.

Die materialistische Dialektik ist nicht Phänomenologie, aber sie ist auch keine Substanzenontologie im Sinne der großen metaphysischen Systeme des 17. Jahrhunderts, auf die diese Bezeichnung zutrifft. Sie steht durchaus in der Tradition der Aufklärung, die die entscheidende Schlacht gegen die Substanzenontologie ausgetragen hat und vorübergehend endgültig gewonnen zu haben schien. Hobbes eröffnete den Kampf mit dem gegen Descartes gerichteten nominalistischen Argument: „Substanz" sei nicht Ausdruck von etwas objektiv Realem sondern ein bloßer Name; sinnvoll sei es nur, vom „Subjekt" und vom „Körper" zu sprechen. Denken aber sei ein Verhalten, die bloße Äußerung eines Dings, eines Subjekts, nicht selbst ein Ding (Vgl. den Beitrag Bergmann/Ruben).

Die damit inaugurierte Liquidation der Substanz, die ihre Subjektivierung bedeutet hatte, wird jedoch ihrerseits in der klassischen bürgerlichen deutschen Philosophie im Sinne dialektischer Aufhebung wieder rückgängig gemacht. In dieser erfolgt nämlich die „gehaltvolle Restauration" des Substanzbegriffs der Metaphysik des 17. Jahrhunderts. Hatte diese unter dem Titel der Substanz das Wesen der Dinge als Wesen an sich, als *abstraktes* Wesen – das heißt als Wesen getrennt von seinen Eigenschaften, seinem Sein-für-Anderes, seinem Erscheinen – aufgefaßt, und hatte die Philosophie der Aufklärung im Gegenentwurf zu dieser Position dieses abstrakte Wesen (die Substanz) zugunsten des hypostasierten, ebenso abstrakt aufgefaßten Verhaltens und der Erscheinung negiert, so sucht die klassische bürgerliche deutsche Philosophie nun die Einseitigkeit beider Standpunkte zu überwinden. In Hegels Formel: Die Wahrheit des An-sich-Seins *und* des Seins-für-Anderes, des abstrakt aufgefaßten Wesens *und* der abstrakt aufgefaßten Erscheinung ist erst das An-und-für-sich-Sein oder das konkrete, über sein Verhalten (Erscheinen) mit sich selbst vermittelte Wesen; wird die Position der klassischen bürgerlichen deutschen Philosophie auf ihrer reifsten Stufe schlüssig formuliert.

Die bedeutsamen Implikationen dieser – in der spekulativen Redeweise des klassischen deutschen Idealismus vorgetragenen – Formel sind, kurz gesagt, die folgenden: Indem Hegel am *Ansich* festhält, behauptet er die von der subjektiven Tätigkeit, vom Verhalten unabhängige Existenz von Objekten; indem er dieses Ansich aber im An-und-für-sich-Sein aufhebt, stellt er es als *vermittelt* vor. Das heißt er unterstellt die Objekte als gleichzeitig dem Zugriff der Subjekte unterworfen.

Diese Vorstellung von der Beziehung von Substanz und Subjekt, An-sich-Sein und Sein-für-Anderes aber bereitet den Boden dafür vor, den materialistisch aufgefaßten Begriff der Produktion zu gewinnen. Und dieser sowie die mit ihm verbundenen Implikationen (nicht aber der subjektiv-idealistisch auf bloßes Verhalten verkürzte Begriff der Produktion, wie er im Prinzip dem Funktionalismus zugrunde liegt) ist aus marxistischer Sicht für eine Geschichte des Systemdenkens innerhalb der Philosophie konzeptionell vorauszusetzen, genauer gesagt, für die Geschichte der Beziehung von Dialektik und Systemdenken.

Wir sagen gewiß nichts Neues, wenn wir betonen, daß in der materialistischen Dialektik der reale Gegensatz von Subjekt und Objekt ebenso festgehalten wie zum Widerspruch vermittelt ist und daß unter diesem Aspekt die Geschichte der neuzeitlichen Dialektik als das Ringen um diese Lösung verstanden werden kann. Sie gipfelt in Marx' Begriff der Produktion, der materialistisch ist, insofern Produktion im Marxschen Sinne die objektive, vom Menschen unabhängige Existenz der Natur voraussetzt, ein Begriff der gleichzeitig dialektisch ist, insofern die Natur aber auch erst durch die Tätigkeit des Menschen, durch die Arbeit „*sein* Werk und seine Wirklichkeit wird."[1] Zur Bewältigung dieses Problems ist Systemdenken erforderlich. Zu lösen ist nämlich die Aufgabe, wie die Reproduktion der Gattung (des Subjekts) „logisch" zu fassen ist, wenn diese auf der Voraussetzung der Vermittlung ihrer selbst mit einer als selbständig unterstellten Welt der Objekte beruht. Damit wird – modern gesprochen – das Problem der Beschaffenheit und der Funktionsweise des thermodynamisch offenen Systems gestellt, und sowohl Schelling als auch Hegel fassen Subjekt und Objekt bereits als offene Systeme auf.

In dieser Entwicklungslinie, in ihrer Verbindung mit der Dialektik, reduziert das Systemdenken die Wirklichkeit nicht auf bloße Wirkungsfähigkeit (nicht – wie bei Rombach – auf Funktionen und Relationen[2]). Hier dient es im Gegenteil dazu, bzw. es liegt auf dem Wege dazu, die *Gegenständlichkeit* und *Materialität* des Produktions- und Reproduktionsprozesses der menschlichen Gattung zu begründen. Somit kann die Rombachsche Konzeption für eine Geschichte des Systemdenkens innerhalb der Geschichte der Philosophie als widerlegt, zumindest jedoch als ihre einseitig verzerrte Darstellung gelten.

Dieser enge Zusammenhang zwischen dem wohlverstandenen Begriff der Produktion und der materialistischen Dialektik wird von den Autoren als Ausgangspunkt für die Rekonstruktion der von ihnen untersuchten Gestalten des Systemdenkens unterstellt und gelegentlich auch expliziert. Er tritt aber auch in dem Anliegen zutage, die jeweilige Spezifik des Systemdenkens historisch-materialistisch zu begründen. Und der skizzierte Zusammenhang ist auch dort für uns der Leitfaden der Analyse, wo ganz allgemein die Frage gestellt wird, wie es das jeweilige Systemkonzept mit der Grundfrage der Philosophie, mit dem Widerspruch und mit der Entwicklungstheorie hält.

Angesichts dieser Kriterien zeigt sich nun, daß – soweit wir bisher Rombachs Konstruktionen der Geschichte des Systemdenkens prüfen konnten – von marxistischer Seite auch im Konkreten erhebliche Korrekturen erforderlich sind. So können wir das Urteil Rombachs nicht teilen, daß Cusanus den funktionalen Ge-

1 Vgl. K. Marx: Ökonomisch-philosophische Manuskripte, in: Marx/Engels, Werke, Erg. Bd. Erster Teil, Berlin 1967, S. 517

2 Vgl. H. Rombach: Strukturontologie, a. a. O., S. 41

danken radikal denkt. Wir sind vielmehr zu dem Ergebnis gelangt, daß für den Kusaner die Existenz von Systemen (im Sinne des systemtheoretischen Zugriffs) über die Abstraktion des Erhaltungs- bzw. Reproduktionsprozesses von konkreten, das heißt sich entwickelnden Systemen (im Sinne der Dialektik) vermittelt ist.

Wie eng die Beziehung einerseits zwischen dem materialistisch gefaßten Begriff der Produktion und der dialektisch-materialistischen Abbildung sich entwickelnder konkreter Systeme, andererseits zwischen einem idealistisch verkürzten Produktionsbegriff und der Abbildung dieser konkreten Systeme ausschließlich mittels des systemtheoretischen Zugriffs ist, zeigt sich vollends in der zeitgenössischen Diskussion um die theoretischen und methodischen Voraussetzungen allgemeiner Gesellschaftstheorie. Die bürgerlichen Versuche, allein mittels der grundbegrifflichen Verwendung der Begriffe des Systemdenkens die Bewegungsweise von Gesellschaft erfassen zu wollen, sind allesamt reduktionistisch und abstrakt in folgender Hinsicht: Wird gesellschaftliche Tätigkeit mittels des Funktionsbegriffs definiert, dann wird sie gemäß der Bestimmung von Funktion auf bloßes Verhalten, auf die subjektive Seite der Tätigkeit der Gattung reduziert. Es wird damit abstrahiert von den der Tätigkeit vorausgesetzten Gegenständen, von der außermenschlichen Natur, auf die sich eben diese Tätigkeit richtet. Und der Stoffwechsel zwischen Mensch und Natur, die materielle Produktion, erscheint in dieser Sicht dann in der Regel idealistisch als *Objektivierung*, das heißt nur unter dem Aspekt der Realisierung subjektiver Ziele. Bestenfalls gilt die außermenschliche Natur – wie im Falle N. Luhmanns – als „außergeschichtliche Randbedingung der sinnkonstituierenden Systeme", wie K. H. Tjaden zu Recht bemerkt.[1] Und als außergeschichtliche, außergesellschaftliche Bedingung aufgefaßt, bleibt sie natürlich auch außerhalb des Zugriffs von Gesellschaftstheorie, bleibt das gesellschaftliche Grundverhältnis der Gattung, die Aneignung der Natur, außer Sicht[2].

1 Vgl. K. H. Tjaden: Naturrevolution, Gesellschaftsformation, Weltgeschichte. Überlegungen zu einer gesellschaftswissenschaftlichen Entwicklungstheorie. In: Das Argument H. 101, (1977), S. 15

2 In diesem Sinne argumentiert neben Tjaden auch H. Holzer. Luhmanns System-Umwelttheorie schätzt er differenziert, wie folgt, ein. Luhmanns Theorie impliziert zwei Momente: „die sinnhafte Konstitution gesellschaftlichen Lebens und die wechselseitige Abhängigkeit von (Gesellschafts-)system und Umwelt. Luhmann greift damit einerseits das Problem ‚Vergesellschaftung', andererseits das Problem ‚Stoffwechsel Mensch-Natur' in einer Weise auf, die – über die Verbindung von System-, Evolutions- und Kommunikationstheorie – Gesellschaft immerhin als eine, wenn auch hochabstrakt bleibende sinnschaffende, sinnvermittelnde System-Umwelt-Relation mit eigener evolutionärer Dynamik erscheinen läßt. Was Luhmann jedoch nicht leistet, ja, worauf er bewußt verzichtet, ist: die Sinnkonstitution gesellschaftlicher Systeme und deren Umweltbezug zumindest abstrakt als in sich verschränkte, theoretisch-praktische Aneignungsprozesse zu fassen, die die lebensnotwendige Organisation des Stoffwechsels Mensch-Natur ausmachen. Das hat zur Folge – insbesondere da die Kategorien ‚Sinn' und

Diese Ausklammerung hat notwendig zur Folge, daß gesellschaftlicher Zusammenhang und gesellschaftliche Bewegung als rein innergesellschaftlich bedingte Vorgänge vorgestellt werden: als Sinnkonstitution und als Interaktion von Subjekten.

Daß der verabsolutierte Funktionalismus – der hier als einer der möglichen Fälle hypostasierten Systemdenkens vorgestellt wurde – mit Denknotwendigkeit Gesellschaft als die in sich geschlossene Sphäre von Interaktionen bestimmt, mag sein von Rombach in ganz anderem Zusammenhang fixiertes verallgemeinertes kategoriales Modell beweisen. Im Unterschied zur Philosophie Hegels, deren Bewegung – wie Rombach richtig feststellt – vom Ansich zum Anundfürsich verläuft, läßt sich die Denkfigur des Funktionalismus durch folgende Bewegung beschreiben: Ausgangspunkt ist die Funktion (das Sein-für-Anderes) und Endpunkt der Bewegung das Ansich, das Rombach als Struktur identifiziert. Das An-und-für-sich-Sein aber, die Gesamtbewegung also, ist nichts weiter als die Vermittlung der Funktionen zur Struktur.[1] Damit unterstellt Rombach – korrespondierend mit dem skizzierten Gesellschaftsmodell – deutlich die Struktur als hermetisch in sich abgeschlossen, insofern sie die Bedingungen ihrer Konstitution und Bewegung ausschließlich in sich selbst vorfindet.

Das Thema: Materialistische Dialektik – Systemdenken – Gesellschaftstheorie soll hier nicht weiter verfolgt werden. Es ist Gegenstand eines anderen Bandes dieser Reihe.[2] Wenn die zuletzt skizzierten Gedanken – obwohl sie nicht unmittelbar unseren Gegenstand betreffen – dennoch in dieser Einführung erwähnt wurden, so deshalb, um zu zeigen, daß den beiden von uns gestalteten Bänden zum Thema Dialektik und Systemdenken eine einheitliche Konzeption zugrunde liegt.

Und noch eine weitere Aussage, die sich erst aus der systematischen Sicht der Beziehung von materialistischer Dialektik, Systemdenken und Gesellschaftstheorie erschließt, weist Aspekte auf, die für eine Untersuchung der Geschichte des Systemdenkens von Bedeutung sind. Es ist dies die These, daß mit dem Blick auf die konkrete Einheit des Produktions- und Reproduktionsprozesses (insbesondere der kapitalistischen Produktionsweise) das Systemdenken im Sinne der Systemtheorie wesentlich die Phänomene der vom Gesetz äquivalenten Austauschs regierten Zirkulationssphäre zum Gegenstand seiner Anwendung hat. Unter der Dominanz dialektischen Denkens steht Systemdenken hingegen dann, wenn die Austauschverhältnisse der Zirkulationssphäre in ihr Wesen, das heißt in die Austauschverhältnisse der Produktionssphäre zurückgeführt werden.

‚Umwelt' inhaltsleer und ‚gegenstandslos' bleiben –, daß Luhmann zum einen nur zu einer formalen Bestimmung von Sinn und Umwelt, zum anderen zu einer Hypostasierung der Sinnfrage kommt". H. Holzer: Kapitalismus als Abstraktum? Makrosoziologische Systemtheorie in der amerikanischen und westdeutschen Soziologie, i, Manuskript, S. 95.

1 Vgl. H. Rombach: Strukturontologie, a. a. O., S. 176

2 Vgl. B. Heidtmann, G. Richter, G. Schnauß, C. Warnke: Maxistische Gesellschaftsdialektik oder „Systemtheorie der Gesellschaft"?, Berlin 1977

Vorausgesetzt, daß diese These (die hier nicht bewiesen werden kann) akzeptabel ist, läßt sich für die historisch-materialistische Rekonstruktion des Systemdenkens folgende Arbeitshypothese formulieren: Den Systemaspekt der Realität zu thematisieren, wurde immer dann zur aktuellen Notwendigkeit und das Systemdenken immer dann in neuer Gestalt entwickelt, wenn eine tiefgreifende Veränderung in den gesellschaftlichen Austauschverhältnissen oder (und) in den Austauschverhältnissen zwischen Mensch und Natur eintrat. Die neuen Austauschverhältnisse wurden mittels dialektischen Systemdenkens reflektiert, wenn sie vom Standpunkt der Produktion, – nichtdialektisch reflektiert, wenn sie vom Standpunkt der Zirkulation gedacht wurden. Der erste Teil der Hypothese ließ sich in unseren Untersuchungen unschwer verifizieren, der zweite müßte noch gründlicher geprüft werden.

Es konnte gezeigt werden, daß die Spezifik des Systemdenkens des Kusaners nur hinreichend begriffen werden kann, wenn man als seinen Hintergrund die durch das handelskapitalistische Patriziat hergestellte Einheit eines europäischen Marktes mitdenkt. Daß weiter die Besonderheit des Systemdenkens beim Übergang von der Metaphysik zur Aufklärung durch die Ausbildung des ökonomischen Liberalismus auf der Basis der Durchsetzung vor allem des privatkapitalistischen Eigentums in der Landwirtschaft bestimmt ist, stellt den Hintergrund für die Darstellung im Beitrag zum Systemdenken in der französischen Aufklärung dar. Und daß schließlich das Anliegen, Austauschverhältnisse zu erfassen, die Wurzel für Schellings Systemkonzept der Natur ist, bildet den Ausgangspunkt für den Beitrag zu Schelling. Es geht in diesem Falle um die Fixierung jener neuen Beziehung der Gesellschaft zur Natur, die mit dem Entstehen der großen Industrie einsetzt und die Schelling als Aneignung bestimmt.

Es bleibt in diesem Kontext zu fragen – und das zu beantworten wäre eine Aufgabe weiterer Untersuchungen –, welchen Anteil die mit der Vergesellschaftung der Produktion veränderten Bedingungen der gesellschaftlichen Kommunikation, Organisation, Information und anderer der Zirkulationsphäre angehörigen Vorgänge am Entstehen jener eigenständigen wissenschaftlichen Disziplinen hatten, die unter irgendeinem Aspekt die Systemnatur der Realität zum Gegenstand der Forschung machen. In der uns bekannten Literatur werden solche Fragen bisher nicht gestellt oder höchst unbefriedigend beantwortet. Zur Verfügung steht eine punktuell ausgearbeitete empirische Geschichte einzelner Disziplinen des Systemdenkens. Das Problem ihrer gesellschaftlichen Entstehungsbedingungen ist noch weitestgehend ungeklärt.

Auch unsere Forschungen zur Beziehung von Dialektik und Systemdenken in der Geschichte der Philosophie konzentrieren sich auf ausgewählte Schwerpunkte. Das Kriterium der Auswahl war, diese Beziehung an drei wesentlichen Stufen der Entwicklung der bürgerlichen Philosophie sichtbar zu machen: an einer Gestalt der Renaissancephilosophie, an der Philosophie der französischen Aufklärung und an einer Gestalt der klassischen bürgerlichen deutschen Philosophie. Wir sind uns dessen durchaus bewußt, daß die von uns erarbeiteten Einschätzungen zwangsläufig vorläufigen Charakter haben und gewiß Korrekturen erfahren werden, sollte in der Zukunft eine alle wesentlichen Etappen ihrer Entwicklung fixierende Geschichte der Beziehung von Dialektik und Systemdenken vorliegen. In diese müßten selbstverständlich auch die Impulse eingebracht werden, die das Systemdenken immer wieder seitens der Probleme der Einzelwissenschaften – so von der Physik und der Biologie – erhielt. Davon war in dieser Einführung nicht die Rede, aber sie werden in den einzelnen Beiträgen durchaus berücksichtigt.

Im Namen der Autoren möchte ich allen danken, die in irgendeiner Form am Zustandekommen dieses Projekts mitgewirkt haben. Unser Dank gilt insbesondere Prof. Dr. Manfred Buhr, der uns ermutigt und unterstützt hat, daß wir die historische Dimension des Themas erschließen. Wir danken ferner Frau Sonja Segeth und Herrn Peter Behrens für die schnelle und gewissenhafte Erledigung der technischen Arbeiten und Frau Hildegard Hollinger, die in der Endphase der Herstellung des Manuskripts ein großes Maß an Schreibarbeiten zu erledigen hatte, für ihren Einsatz.

Federführend in bezug auf diesen Band, der in zweijähriger Tätigkeit in Kooperation mit Mitarbeitern anderer Institutionen entstand, ist eine Arbeitsgruppe des Bereichs Dialektischer Materialismus des Zentralinstituts für Philosophie an der Akademie der Wissenschaften der DDR.

Berlin, im April 1977 *Camilla Warnke*

Ulrich Hedtke

Coincidentia oppositorum oder die verweltlichte Unendlichkeit – Dialektik und Systemdenken bei Nikolaus von Kues

Politik, Philosophie und vielseitige gesellschaftliche Erfahrung gestalten die Biographie des Nikolaus von Kues in einem Maße, so daß man für das Verständnis seiner philosophischen Leistungen und ihres weltanschaulichen Inhaltes wichtige Stationen seines politischen und sozialen Wirkens verfolgen muß. Verfolgen muß, um sich der realen Einflüsse zu vergewissern, die uns in den Schriften des Kusaners in philosophischer Gestalt und Wertung begegnen.

1. Leben und Wirken des Kusaners

Nikolaus wurde 1401 als Sohn eines auch kaufmännisch tätigen Moselschiffers geboren.

1416 wurde er in Heidelberg immatrikuliert. Wenn er auch hier nur ein knappes Jahr blieb, so ist doch festzuhalten, daß die an der Universitat herrschenden Auffassungen des Marsilius von Inghen dem Studenten den ersten Kontakt mit den naturphilosophischen Theorien des Spätnominalismus gebracht haben.

Die eigentliche wissenschaftliche Bildungsstätte wird Padua. 1417 nimmt Nikolaus von Kues hier für 5 Jahre das Studium des Kirchenrechts auf. H. Ley urteilt, daß sich Venedig als führende antipäpstliche und antiklerikale Handelsmacht zu dieser Zeit in Padua eine Bildungsstätte schafft, die, ausgehend von der averroistisch-nominalistischen Tradition, besonders dem Wirken des Marsilius von Padua, zu einem Zentrum für die natur- und sozialphilosophische Moderne wird.[1]

Dabei ist die Universität Padua vornehmlich naturwissenschaftlich und juristisch orientiert, und Nikolaus von Kues betreibt Studien auf beiden Gebieten. Lernt er bei seinen juristischen Studien die Vorstellungen des gemäßigten Konziliarismus kennen, so wissen wir auch aus seiner zeitlebens andauernden Freundschaft mit dem Florentiner Naturwissenschaftler Toscanelli, die auf Padua zurückgeht, von seinen naturwissenschaftlichen Interessen.[2]

1 H. Ley, Geschichte der Aufklärung und des Atheismus, Bd. 2/2, Berlin 1971, S. 441

2 Unter dem gemäßigten Konziliarismus ist eine Lehre zu verstehen, die die streng konziliaristische Doktrin, wonach jedes kirchliche Amt nur im Ausdruck des Willens der Gesamtheit der Gläubigen legitimiert ist, zugunsten der Betonung des relativen Eigengewichtes und der Autonomie des Amtes abschwächt.

Gemeinsam mit Toscanelli hört Nikolaus von Kues die Mathematikvorlesungen Beldomandis. Die Beziehung zu Toscanelli ist schon deshalb zu beachten, da Toscanelli spätestens nach seinen Studien in Padua zum Kreis der um den führenden Künstler-Ingenieur Brunelleschi gruppierten Gelehrten, Künstler und Ingenieure gehört.[1]

Zum Paduenser Freundeskreis – einer für die weitere Entwicklung des Kusaners bedeutsamen Gruppierung – zählen neben dem schon erwähnten Toscanelli besonders Cesarini und Capranica. (1426 werden beide durch Martin V. zu Kardinälen erhoben.)

Nach sechsjährigem Aufenthalt in Padua beendete der nunmehr 22jährige das Studium. Er reist nach Deutschland zurück. Im gleichen Jahr tritt Nikolaus in die Dienste des Erzbischofs von Trier, Otto von Ziegenhain.

Für die Jahre 1425 bis 1432 ist bekannt, daß der Kusaner, gestützt auf die materielle Sicherstellung durch Pfründenbesitz, intensiv wissenschaftlich arbeitet und gleichzeitig juristisch tätig ist. Er bleibt dabei in engem Kontakt mit dem Trierer Erzbischof und nutzt Gelegenheiten, um seine Beziehungen zu führenden Kreisen in Rom zu festigen.

Die wissenschaftliche Arbeit führt ihn 1425 nach Köln an die dortige Universität. Mit großer Wahrscheinlichkeit hat er hier nicht nur Theologie gehört, sondern auch als Universitätslehrer an der juristischen Fakultät gelehrt.

Die Kölner Zeit bringt für Nikolaus von Kues die freundschaftlich enge Zusammenarbeit mit dem Flamen Heymeric von Kamp, der als neuplatonischer Anhänger Albert des Großen an der Darstellung des Gegensatzes zwischen Albert und Thomas arbeitet. Wie wir aus den erhaltenen Exzerpten des Kusaners wissen, studierte er in der Kölner Zeit unter anderem Thomas von Aquin und Raymundus Lullus. Zu den wissenschaftlichen Bemühungen des Cusanus in diesem Zeitraum gehört auch ein intensives Studium von archivierten Quellen zur Rechts-, Staats- und Kirchengeschichte. So führt er als einer der ersten in Deutschland die humanistische Norm des Quellenstudiums für die wissenschaftliche Arbeit ein. Bei diesen Arbeiten findet er 12 bis dahin verschollene Komödien des Plautus; eine Entdeckung, die ihn bei italienischen Humanisten berühmt macht.

Seit 1426 ist für Kues gleichzeitig eine kontinuierliche rechtspraktische Beschäftigung bezeugt.

Mit der Teilnahme am Baseler Konzil beginnt 1432 ein Abschnitt im Leben des Kusaners, der ihn in seinen einzelnen Phasen mit grundlegenden politischen und sozialen Kämpfen der Zeit konfrontiert.

Einmal Konzilsmitglied, ergreift er mit aller Energie die sich ihm bietende Chance zu einflußreichem sozialen Wirken, die Chance, seinen Standpunkt in Gutachten, theoretischen Schriften und im Engagement hinsichtlich der großen politischen und sozialen Probleme zu bekunden.

1 Vgl. L. Olschki, Die Literatur der Technik und der angewandten Wissenschaften vom Mittelalter bis zur Renaissance, Erster Band, Heidelberg 1919, S. 41

Dabei sucht Cusanus die Freundschaft und das Arrangement mit den politisch führenden Kräften des Konzils. Mit dem Konzilpräsidenten Julian Cesarini ist er noch von Padua her bekannt. Dem königlichen Konzilsprotektor, Herzog Wilhelm von Bayern, kann sich Nikolaus besonders in den Debatten zur böhmischen Frage dienstbar zeigen und dabei die Rolle eines herzoglichen Beraters gewinnen.

Da Cusanus in den Jahren 1432 und 1433 mit seinen Vorschlägen zur Lösung der „böhmischen Frage", mit seiner Stellungnahme im Streit um die „Befugnisse des Vorsitzenden auf dem Konzil" sowie mit seinem Werk „De concordantia catholica" nicht allein zu den für das Konzil brennendsten Fragen grundsätzlich Stellung nimmt, sondern zugleich solche Entscheidungen und Lösungen theoretisch motiviert, die sich im Verlauf der Konzilsmeinungsbildung effektiv durchsetzen, wird er zu einem der bekanntesten Ideologen des Konzils.

In der bedeutsamsten Schrift dieses Lebensabschnittes „De concordantia catholica" vertritt Cusanus einen gemäßigten Konziliarismus. Er sucht sowohl die Konzilsgewalt mit der päpstlichen Gewalt zu vereinen als auch auf weltlichem Gebiet die Rechte der Untertanen gegenüber dem weltlichen Herrscher mit der Souveränität des Herrscheranspruches zu komponieren. Er ringt um ein ausgeglichenes Verhältnis zwischen Kaisertum und Papsttum. Dabei entsprechen die vorgeschlagenen Lösungen in etwa dem gemäßigten Konziliarismus des Julian Cesarini.

Von besonderer Bedeutung für die klassenmäßige Einschätzung des Kusaners sind die im dritten Teil von „De concordantia catholica" enthaltenen Vorschläge zur Reichsreform. Kues polemisiert in der Schrift gegen die Entwertung der Zentralgewalt durch die erstarkenden feudalen und feudalkatholischen Landesgewalten, die ihm als das Reich verzehrende Sondergewalten gelten: „Oh große Blindheit. Mögen doch die Fürsten gar nicht glauben, daß sie von den Gütern des Reiches sich bereichern und auf die Dauer bestehen können. Denn wenn alle nur auf die Vergrößerung ihres Besitzes bedacht sind, das Reich dagegen zunichte wird, was folgt daraus anderes, als die Auflösung des Reiches. Denn wenn keine große conservative, den Frieden aufrecht erhaltende Macht da ist, so wird der Neid und die steigende Habsucht Krieg, Spaltung und Trennung verursachen, und wie jedes in sich geteilte Reich geht das ungerecht Erworbene zugrunde."[1]

Weiterhin zieht er scharf gegen die feudalen Verhaltenspraktiken, gegen Faust- und Fehderecht zu Felde.

Die Vorschläge zur Reichsreform orientieren auf ein ständisch stabilisiertes Königtum, das auf der Grundlage allgemeiner Reichstage, eines stehenden Reichsheeres, der Kreiseinteilung des Reiches in 12 Gerichtsbezirke, des Nutzbarmachens geistlicher Besitzungen für Reichszwecke, der Herausbildung eines

1 F. A. Scharpff, Der Kardinal und Bischof Nicolaus von Cusa als Reformator an Kirche, Reich und Philosophie des 15. Jahrhunderts, Tübingen 1871, S. 52. — Vgl. auch Th. Stumpf, Die politischen Ideen des Nikolaus von Cues, Köln 1865, S. 61ff.

allgemeinen Rechtes und eines objektivierten kurfürstlichen Wahlverfahrens bestehen und an Macht gewinnen soll.

Für die Beurteilung der hinter diesen Reformvorschlägen stehenden Klasseninteressen sind folgende Aspekte von besonderer Bedeutung:

– Kues will eine Beschneidung der fürstlichen Territorialmacht. Deutlich erweist sich das bei den Bestimmungen, die die Machtverhältnisse in den nach Kues zu schaffenden Gerichtsbezirken regeln sollen. Die in den Reichsreformverhandlungen der Zeit diskutierten Modelle waren umstritten, weil die Fürsten dabei eine Ausweitung *ihrer* Gerichtsbarkeit sowie eine Stärkung ihrer feudalen militärischen Potenz erstrebten. Nach Kues wird die wesentliche militärische Kraft zur Friedenssicherung mit einem *zentralen* stehenden Heer geschaffen. Die Gerichtskreise sind jeweils durch kaiserliche Gerichtshöfe zu besetzen, in denen Richter von geistlichem, bürgerlichem und adligem Stand zusammenwirken sollen.

– Mit dem Landfrieden zu Eger 1389 war der Versuch der zum süddeutschen Städtebund zusammengeschlossenen rheinischen und schwäbischen Kräfte gescheitert, der städtebürgerlichen Koalition eine selbständige und anerkannte Stellung in der Reichspolitik einzuräumen. (Erst ab 1489 nahmen die Reichsstädte als „drittes Kollegium" regelmäßig an Reichstagen teil.) Kues entwirft nun mit seiner Konzeption vom Reichstag eine an städtebürgerlichen Interessen orientierte Lösung: Neben den Kurfürsten, deren Gefolge und den kaiserlichen Richtern, sollen sich zum Reichstag auch mindestens je ein Vertreter aus jeder „civitate et metropoli ac appodis magnis imperialibus" versammeln. Th. Stumpf wertet dies bereits so: „Die deutschen Städte würden also eine sehr ansehnliche, der Zahl nach sogar überwiegende Vertretung erhalten haben.[1]"

– Das feudale Fehden wird nicht nur ausdrücklich angeprangert. Kues will alle Fürsten auf ein Gesetz verpflichten, das den Landfriedensbruch mit drakonischen Strafen bedroht. Nach seinen Vorschlägen könnten nur der Kaiser und die kaiserlichen Richter jemanden Dritten zur Wiedervergeltung ermächtigen. Dem aus der Reichskasse zu besoldenden Heer obliegt die Sicherung des Landfriedens und die Verteidigung des Rechtes.

– Zu den Aufgaben des Reichstages gehört nach Nikolaus von Kues auch die Herausbildung eines allgemeinen Rechts.

Für die Bewertung dieser Reformvorschläge schließen wir uns dem Urteil von L. Stern/E. Voigt an: „Sein Projekt, das die Selbständigkeit der Territorien nur stark beschneiden wollte, ging in Richtung auf eine ständische Monarchie; die große Bedeutung der Städte in seiner Reform erweist ihn als Sprecher progressiver Gruppen der reichsstädtischen Oberschicht."[2] Nun ist natürlich unter „reichsstädtischer Oberschicht" im 14./15. Jahrhundert gerade das kaufmännische Pa-

1 Th. Stumpf, Die politischen Ideen des Nikolaus von Cues, a. a. O., S. 69

2 L. Stern/E. Voigt, Deutschland in der Feudalepoche von der Mitte des 13. Jh. bis zum ausgehenden 15. Jh., Berlin 1965, S. 256

triziat *einschließlich* der mit ihm verbündeten Kräfte zu verstehen. *Die Struktur der Reichsreformvorschläge spricht also für die Behauptung, daß Nikolaus von Kues patrizischen Interessen Ausdruck gibt.*

1436/37 schwenkt der Kusaner, unter dem Eindruck eines sich zwischen der Mehrheit der Konzilsmitglieder und dem Papsttum zuspitzenden Gegensatzes, mit der Konzilsminorität auf die Seite des Papstes.

Kues nutzt dann die Möglichkeit, zu der päpstlichen Gesandtschaft zu gehören, die nach Konstantinopel reist. Trotz ihrer relativen Kürze bringt diese Gesandtschaft für den Kusaner einen engen Kontakt mit neuplatonischem Gedankengut und neuplatonischen Theoretikern und Theologen. Wir wissen, daß Kues unter anderem eine Handschrift der „Theologia platonis" des Proklos von dieser Reise mitbringt, die er im April 1438 an Traversari zur Übersetzung gibt.

Mitte des Jahres 1438 begibt er sich mit päpstlichem Auftrag zu den schwäbischen Reichsstädten. Er hat die Vorschläge Eugens zur Verhütung des Schismas zu übermitteln. Im Oktober und November 1438 nimmt er als Mitglied der päpstlichen Gesandtschaft am Nürnberger Reichstag teil und ist im Mai und April 1439 auf dem Mainzer Fürstenkongreß.

Im Sommer 1439 bemüht er sich in kirchenpolitischen Konferenzen um die Verhütung eines Schismas und die Stärkung der Position Eugens im Reich. In diesen und den kommenden Monaten entstehen die drei Bücher von der Belehrten Unwissenheit – sein philosophisch-theoretisches Hauptwerk.

Der Kusaner streitet auch in den folgenden Jahren unter anderem auf den Fürstentagen zu Lahnstein (1439), zu Mainz (1441), zu Frankfurt (1446), zu Aschaffenburg (1447) sowie den beiden Frankfurter Reichstagen von 1442 und 1444 für die von ihm bevorzugte Partei.

Mit seiner Tätigkeit auf den Reichs- und Fürstentagen wird Nikolaus von Kues auch Zeuge des vorläufig endgültigen Scheiterns der Reichsreformbestrebungen. Sie scheitern sowohl am Gegensatz zwischen Fürsten und Städten als auch an der Rivalität der Städte untereinander.

Zum Verhalten der Städte bei den Reichsreformverhandlungen bemerken Stern und Voigt: „Doch die Reichsstädte, um die es allein bei den Reformbestrebungen ging, verhielten sich zu den meisten Reformvorschlägen passiv, ja ablehnend ... Das Hauptziel ihrer Politik bestand nunmehr darin, ihre kommunale Unabhängigkeit als ‚Kaiser und Reich' direkt unterstehende Städte aus eigener Kraft auch gegen den Kaiser, vor allem aber gegen die Fürsten zu schützen. Diese Reichsstädte, gleich ob sie vom Patriziat oder der kaufmännisch-handwerklichen Oberschicht regiert wurden, waren – mit Ausnahme einiger der größten – selbst eine Macht des feudalen Partikularismus geworden."[1]

Kues sieht jetzt die tragende Kraft für eine mögliche Einheit zweifelsohne im Papst. Die Erfolge in Unionsfragen mögen ihn hierin bestärkt haben. Die Ge-

1 L. Stern/E. Voigt, Deutschland in der Feudalepoche von der Mitte des 13. Jh. bis zum ausgehenden 15. Jh., a. a. O., S. 250ff.

schichte seines politischen Wirkens ist durch den Versuch bestimmt, die Einheit in der päpstlichen Obedienz herzustellen, während er in der Baseler Zeit, wie wir an den Reichsreformvorschlägen sahen, die kaiserliche Zentralgewalt als Bedingung der Einheit behandelte.

In diesem Kontext sei folgendes angemerkt: Cusanus hat auf Fürsten- und Reichstagen erfahren, daß die Städte auf die Politik der Feudalfürsten, die darin bestand, mit der Schaffung geeigneter Landfriedenskreise juristische und militärische Macht gegen die Städte zu okkupieren, faktisch durch die Wahrung ihrer *Sonder*rechte reagieren und so selbst den Partikularismus produzieren. Unter dieser Voraussetzung kann das Programm der „Belehrten Unwissenheit" und der hier ausgesprochene Gedanke von der Einheit als Zusammenfallen der Gegensätze sowohl als Ausdruck der Interessen als auch der realen Ohnmacht des städtischen Bürgertums, eine Einheit aus *eigener Aktion* zu begründen, begriffen werden. Aber auch die Hoffnung, über die päpstliche Macht die Einheit des Reiches herstellen zu können, sollte sich nicht erfüllen.

1448 wird Cusanus zum Kardinal ernannt, und im Frühjahr 1450 bestimmt ihn der Papst zum Nachfolger des verstorbenen Bischofs von Brixen. Danach tritt er, als päpstlicher Legat mit kirchenpolitischen Aufträgen und Reformvollmachten ausgestattet, eine große Legationsreise an, die ihn von Februar 1451 bis März 1452 über 4000 km durch das Reich führt.

Später zieht sich der Kardinal als Bischof von Brixen in seine Diözese zurück. Hier scheitert er endgültig mit seinen politischen – auf die Restauration der erzbischöflichen gegen die fürstliche Macht gerichteten – Plänen.

1458 wendet er sich wieder nach Rom. Inzwischen war sein Freund Enea Silvio Piccolomini Papst geworden. Kues übernimmt wieder kuriale Funktionen. Gleichzeitig versucht er sich im Amt des römischen Generalvikars abermals kirchenreformatorisch. Nur kurz durch einen letzten Versuch unterbrochen, seine bischöflichen Ansprüche in Brixen durchzukämpfen, bleibt er bis zu seinem Tode im Jahre 1464 in Italien.

Die bedeutsamen Leistungen des Kusaners in diesen Jahrzehnten liegen in angestrengter naturphilosophischer, philosophischer und mathematischer Forschungsarbeit.

Einige Monate nach seinem Hauptwerk schreibt er die „Mutmaßungen" und läßt 1445 einige Werke folgen, die mit philosophisch-theologischem Inhalt vom verborgenen Gott, der Gottessuche und der Gottessohnschaft handeln.

Bereits 1443 wird seine „Belehrte Unwissenheit" von dem Heidelberger Theologen und Konzilsanhänger Johannes Wenck schärfstens attackiert. Wenck, der den Kusaner im Frühjahr 1441 auf dem Mainzer Reichstag als Verteidiger der päpstlichen Seite kennenlernt, denunziert die Schrift des Kusaners als ein phantastisches Werk, in dem an die Stelle des Studiums der Heiligen Schrift „eine leere, aufgeblähte, bloß wissenschaftliche Betrachtungsweise theologischer und philosophischer Dinge" trete und das eine häretische Lehre verbreite, da es das Zusammenfallen von Gott mit der Welt, die Vergöttlichung des Menschen, insbesondere aber den Zusammenfall der Gegensätze lehre.[1]

Der Kusaner antwortete 1449 mit seiner „Verteidigung der Belehrten Unwissenheit".

Bereits Mitte der 40er Jahre unternimmt er mit den ersten mathematischen Traktaten den Versuch, „geometrische Verwandlungen" zu leisten. In den Monaten vor seiner Legationsreise entstehen in Italien die zusammenhängenden Dialoge„ Der Laie über die Weisheit, über den Geist und über Versuche mit der Waage".

Als Bischof von Brixen erarbeitet er unter anderem weitere mathematische Traktate und verfaßte die Schriften „Von Gottes Sehen" und „Vom Beryll".

In den letzten Lebensjahren entstehen in Italien in rascher Folge die Schriften: „Vom Seinkönnen", „Vom Gipfel der Betrachtung", „Vom Nicht-Anderen" sowie das resümierende Werk „Die Jagd nach Weisheit" und das „Kompendium".

Es sei hier betont: Wenn sich der Kusaner dem Papsttum anschloß, dann dem Renaissance-Papsttum.[2] Und vom Standpunkt der kusanischen Philosophie läßt sich der Papst nicht mehr als Stellvertreter Gottes mit einer philosophisch legitimierten Binde- und Lösegewalt konstruieren. Wenn etwas – nach Kusanus – als stellvertretend für Gott auf Erden anzusprechen ist, dann ist es die als *Gattungs*charakteristikum ausgesprochene menschliche Vernunft. Und wenn der Kusaner neue Denkmethoden in „theologischen Dingen" empfiehlt, und zwar Denkmethoden, die die Autonomie des messenden und konstruktiven Verstandes dartun wollen, so ist damit zugleich dem Papsttum ein an der generellen Natur menschlicher Lebenstätigkeit reflektiertes neues Verständnis seiner Voraussetzungen und seiner Existenz angeraten.

Dem breitgefächerten Wirkungsspektrum des Kusaners, das sowohl mathematische, naturphilosophische wie philosophische und theologische Leistungen umschließt, entspricht ein weitverzweigtes Gefüge von Freundschaften und Kommunikationen, das er sich im Laufe seines Lebens schuf.

Zum Kreis derjenigen, mit denen der Kusaner in andauerndem oder zeitweisem intensivem wissenschaftlichen Kontakt steht, gehören der italienische Künstler-Ingenieur Alberti, der italienische Mathematiker Toscanelli, der deutsche Astronom Peurbach und der holländische Arzt Scoblant.[3] In diesem Kreis zirkulieren insbesondere die mathematischen Traktate des Kusaners, mit denen der Theoretiker seine Methode des Zusammenfallens der Gegensätze für die mathematischen Probleme auszuführen sucht. Von den 10 uns bekannten mathematischen Schriften sind allein drei ausdrücklich für Toscanelli bestimmt. In

1 R. Haubst, Studien zu Nikolaus von Kues und Johannes Wenck, in: Beiträge zur Geschichte und Theologie des Mittelalters, Band 38 (1955), Heft 1, S. 100

2 Vgl. F. Tomberg, Bürgerliche Wissenschaft, Frankfurt am Main 1973, S.73

3 Über den Kontakt des Kusaners zu Alberti vgl. L. Olschki, Die Literatur der Technik und der angewandten Wissenschaften vom Mittelalter bis zur Renaissance. a. a. O., S. 81

einem mathematischen Dialog des Kusaners fungiert der Florentiner Mathematiker, der zur Gruppe um Brunelleschi gehört, als fachmännischer Widerpart. Als ihm Toscanelli 1454 eine Kritik einer der mathematischen Arbeiten sendet, die der Kusaner auch Peurbach zugesandt hatte, notiert Kues am Ende des Toscanelli-Briefes: „Dieses Schreiben möge unserem treuen, verehrten und lieben Magister Georg Peurbach dem Astronomen gegeben werden,"[1] Enge Beziehungen unterhält der Kusaner ferner zu den Mönchen der Benediktinerabtei am Tegernsee. Hier erwuchs ihm ein Kreis von Sympathisanten, die ihr Interesse an dem Gedankengut der negativen Theologie und deutschen Mystik mit der Verteidigung sowie der Verbreitung der Arbeiten des Kusaners verbinden. Die freundschaftlichen Kontakte mit den führenden kirchlichen Renaissancepolitikern Julian Cesarini, Thomas Parentucelli (ab 1447 Papst Nikolaus V.) und Enea Silvio Piccolomini (ab 1458 Papst Pius II.) sind nicht allein für die politische Entwicklung des Kusaners von Bedeutung, über sie findet er auch Anschluß an die durch die Päpste geförderten Übersetzungen griechischer Texte und überhaupt an die von den Päpsten zunehmend repräsentierte humanistische Kultur.

2. Zu einigen sozialökonomischen Entwicklungstendenzen und daraus resultierenden Besonderheiten der Renaissance

Die Entwicklung der landwirtschaftlichen Produktivkräfte dieses Zeitraumes wird zumeist als „Agrarkrise" beschrieben. Hauptmomente der Agrarkrise sind der Wüstungsvorgang, der mit ihm und der Pest verbundene Bevölkerungsrückgang und die seit 1350 verstärkt zu beobachtende Preisschere im Verhältnis von landwirtschaftlichen Hauptprodukten zu gewerblichen Erzeugnissen der Stadt bei gleichzeitigem Sinken des allgemeinen Preisniveaus.

In dieser Zeit der „Agrarkrise" setzt sich aber besonders nach 1350 eine *qualitative Strukturänderung* in der europäischen, besonders deutschen und italienischen *Landwirtschaft* durch. Dies betrifft zum einen den verstärkten Anbau von Handels- und Industriepflanzen (Hopfen, Krapp, Hanf, Flachs, Waid, Ölfrüchte), die verstärkte Produktion von einkommenselastisch nachgefragten Produkten wie Wein und Obst. Gleichzeitig ist eine Differenzierung und Spezialisierung auf Vieh- und Teichwirtschaft zu beobachten, die an den Bedürfnissen der städtischen Zentren orientiert ist.

Im' ganzen sehen wir, daß die Agrardepression mit solchen Tendenzen der Agrarkonjunktur, des qualitativen Strukturwechsels verbunden ist, die an den städtischen Bedürfnissen orientiert sind.

Mit dieser Entwicklung wird die ländliche Autarkie *partiell* durchbrochen. Dem städtischen Konsum – besonders dem produktiven Konsum des Gewerbes – werden neue Rohstoffe und Mittel zur Verfügung gestellt, die für die Entwick-

1 Nikolaus von Cues, Die mathematischen Schriften, Hamburg 1952, S. 131

lung der Nahrungsgüterwirtschaft, der Holz-, Leder- und Textilindustrie die Grundlage bilden.

Die Geldrente hatte sich auf der Grundlage der seit dem 12. Jahrhundert erfolgten Zurückdrängung der Leibeigenschaft zugunsten lockerer Formen der Abhängigkeit zum Beispiel in der Grundherrschaft durchgesetzt. „Während die Gutsherrschaft die Unterwerfung des Menschen durch den Feudalherren bedeutet, ist die Grundherrschaft durch die feudale Unterwerfung des Bodens gekennzeichnet. Alle feudalen Lasten und Dienstleistungen sind an den Boden, an Gehöft und Gebäude gebunden, nicht aber an den Menschen. Aus dieser Tatsache ergibt sich eine relativ weitgehende persönliche Freiheit der Bauern und ein gutes Besitzrecht.“[1]

Angesichts der Arbeitsteilung zwischen Stadt und Land bedeutet dies, daß sich der Feudale weitgehend vermittels der Ware-Geld-Beziehung zwischen seinen bäuerlichen Untertanen und der Stadt erhält.

Um seine Lebensbedingungen angesichts der mit der Preis- und Wirtschaftspolitik der Städte gegen Bauern und Feudale gleichzeitig geführten Schläge zu erhalten bzw. auszubauen, bleiben ihm nur die feudale Fehde um vergrößerte Untertanenschaft und vermehrte Einkommenstitel wie der Versuch, die bäuerlichen Lasten zu vermehren. In diesen innerfeudalen Kämpfen, die wesentlich auch durch den Gegensatz zwischen Stadt und Land bedingt sind, setzen sich zunehmend die Fürsten durch, deren ökonomische Macht über die Feudaleinkünfte aus Regalrechten (Landweg-, Wasserweg-, Berg-, Münz- und Judenregalien) auf dem feudalen Parasitismus am städtebürgerlichen Reichtum beruht.

Die für uns besonders interessante städtische Entwicklung seit Mitte des 14. Jahrhunderts ist eng mit dem Auftreten und Aufstieg großer Handelskapitalien, ihrer Entwicklung zu Handelsgesellschaften verknüpft. Politisch-ökonomisch hängt diese Entwicklung mit den erwähnten Strukturveränderungen in der Landwirtschaft zusammen. Sie wird durch die mit der Bevölkerungsdezimierung gegebene Vermögensballung begünstigt und ist auch Resultat wie Ursache der effektiven waren- und geldwirtschaftlichen Verflechtung der mittelalterlichen Städte untereinander.

Im oberdeutschen Raum beginnt Mitte des 14. Jahrhunderts jene große Entwicklung des Handels in einigen führenden Städten, die dann in ökonomischer Kontinuität zur handelskapitalistischen Potenz der Fugger und Welser, zur frühkapitalistischen Entwicklung des 16. Jahrhunderts führt.

Die Entwicklung der Geldwirtschaft findet ihren Ausdruck in der Bildung zahlreicher territorialer Münzvereine. Das Ziel dieser Münzvereine lag unter anderem in der gegen die fürstlichen Münzverrufungen gerichteten Schaffung „ewiger Pfennige“, der Festlegung gleicher, münzfußkonstanter und im Vereingebiet überall gültiger Münze.

1 E. Schwarze, Soziale Struktur und Besitzverhältnisse der ländlichen Bevölkerung Ostthüringens im 16. Jahrhundert, Weimar 1975, S. 82

Es ist allgemein festzustellen: Der Fortschritt der Ware-Geld-Beziehung ist in unserem Zeitraum besonders mit der Herausbildung der handelskapitalistischen Formen verbunden. Letztere sind vielerorts aber zugleich mit einer quantitativen und qualitativen Entwicklung der *gewerblichen* Produktivkräfte vernetzt und gerade dadurch bedingt.

Betrachtet man den Zeitabschnitt von 1380–1480, dann ist mit der Entwicklung von Förderungs- und Entwässerungstechniken im Bergbau, der Papierproduktion, der Ausbreitung von Hammerwerken, Drahtziehmühlen, dem Anstieg der Eisen-, Kupfer- und Zinnproduktion und dem Herauskristallisieren entsprechender Produktionsstätten, dem Seigerverfahren, der Durchsetzung des Holk und der Krawelbauweise im hanseatischen Schiffbau, der Beherrschung des Gußeisenverfahrens, bis hin zur Erfindung des Buchdrucks ein *initiativreicher Abschnitt der Produktivkraftentwicklung gegeben.*

Dabei verlagert sich seit dem beginnenden 15. Jahrhundert der weitere technische Fortschritt zunehmend auf das gewerblich-initiative Handels- und Geldhandelskapital. Hiervon zeugen sowohl der Aufstieg Hollands gegen die Hanse wie die ebenfalls auf frühkapitalistischem Exportgewerbe fußende Entwicklung von Florenz.

Was dabei die frühkapitalistische Entwicklung wie überhaupt die Genese der gewerblichen Produktivkräfte im europäischen Mittelalter von vergleichbaren Tendenzen in der Antike unterscheidet ist der Umstand, daß sich die Tätigkeit der Gewerbe unter der Voraussetzung der freien Arbeit auch da vollzieht, wo der Produzent selbst eigentumslos ist. Geselle und Tagelöhner bestreiten ihren Lebensunterhalt bei aller noch bestehenden patriarchalischen Bindung als persönlich freie Lohnarbeiter und nehmen an der bürgerlichen Konsumtion der Stadt teil.

Gleichzeitig bildet sich im europäischen Wirtschaftsraum in Anlehnung an die mit dem 13. und 14. Jahrhundert einsetzende Entwicklung eine Standortverteilung der Produktivkräfte des Exportgewerbes heraus, die sowohl landwirtschaftliche als auch gewerbliche Produktionszentren betrifft und ihrerseits meist wieder den Import aus anderweitigen Zentren unterstellt.

Stellt man die Frage, warum sich im Verlauf des 15. Jahrhunderts angesichts der erstarkten ökonomischen Potenz der Städte nicht ein einheitlicher Kampf der deutschen Städte auf einem höheren Niveau gegen die Feudalität entwickelt, so ist darauf zu verweisen, daß sich erstens gerade mit der gewachsenen ökonomischen Potenz auch die Widersprüche und die Interessendivergenzen im städtischen Lager wie auch zwischen Städtern und Bauern verschärfen.

Weiterhin verschärfen sich mit der Verselbständigung des Handelskapitals die Widersprüche zwischen dem Handelskapital und der zünftisch-handwerksmäßigen Basis des städtischen Gewerbes. Das Handelskapital stellt überhaupt erst den gesellschaftlichen Charakter der Produktion vermittels der Zirkulation her und ermöglicht dadurch (wie mit den durch ihn getragenen nichtzünftischen Gewerben) den Produzenten in Stadt und Land die arbeitsteilig produktive

Nutzung neuartiger Möglichkeiten. Es trägt so zur zügigen Entwicklung des menschlichen praktischen Nutzverhaltens, seiner Fähigkeit wie Bedürfnisstruktur bei. Allein zur adäquaten Wertung seines Charakters gehört zugleich die ihm immanente Schranke. Ansetzend an nichtzünftischen Gewerben, dann aber durch die verstärkte Tendenz zum Verlag auf Gebieten des Exportgewerbes wie auch als Wucherkapital wirkt es gleichzeitig auflösend und ruinierend, ohne – wie K. Marx anmerkt – „die Produktionsweise umzuwälzen".[1]

Bekanntlich ist der zugleich konservative Charakter des patrizischen Handelskapitals hiervon eine Konsequenz.

F. Engels läßt nun aber keinen Zweifel: „Der Kaufmann war das revolutionäre Element in dieser Gesellschaft, wo alles sonst stabil war, stabil sozusagen durch Erblichkeit; wo der Bauer nicht nur seine Hufe, sondern auch seine Stellung als freier Eigentümer, freier oder höriger Zinsbauer oder Leibeigener, der städtische Handwerker sein Handwerk und seine zünftigen Privilegien erblich und fast unveräußerlich überkam und jeder von ihnen obendrein seine Kundschaft ..."[2]

Der Kaufmann repräsentiert gegenüber der Stabilität der einfachen Warenproduktion eine Mobilität, die unmittelbar aus seinem Geschäft und den gesellschaftlichen Voraussetzungen erwächst, unter denen er die Akkumulation des Warenhandelskapitals betreibt. „In der Zirkulation G-W-G funktionieren ... beide, Ware und Geld, nur als verschiedne Existenzweisen des Wertes selbst, das Geld seine allgemeine, die Ware seine besondere, sozusagen nur verkleidete Existenzweise."[3] Mit dem Interesse an der Akkumulation des Reichtums ist damit zugleich die Spezifik des Kaufmannskapitals gegeben, nämlich, die gesellschaftliche Produktion und Konsumtion unter dem Gesichtspunkt ihrer Allgemeinheit zum Gegenstand zu haben. Denn das Geld ist nur in dem Maße *allgemeine* Existenzweise des Wertes, wie es sich praktisch als der Repräsentant des Tauschwertes einer umfassenden Warengemeinschaft erweist. Der Sache nach ist es daher die Leistung des Handelskapitals, mit der Erweiterung, Vermannigfachung und Kosmopolitisierung der Warenproduktion die reale Macht des allgemeinen Äquivalents überhaupt erst zu erzeugen bzw. zu erweitern. Gleichzeitig stehen ihm Produktion und Konsumtion nicht als bloß lokale, sondern als potentiell weltweite Erscheinung gegenüber. Gerade der letzterwähnte Umstand bedingt für die berufliche Tätigkeit des Kaufmanns ein Spektrum an Fähigkeiten und Kenntnissen, so daß sich die kaufmännische Tätigkeit als reale Quelle für die von den Renaissanceideologen behauptete und verteidigte Universalität der Individuen erweist.

P. Wescher charakterisiert die Anforderungen an den Kaufmann O. Krell, der um 1500 eine der großen Fernhandelsgesellschaften des 15. Jahrhunderts,

1 K. Marx, Das Kapital, Dritter Band, in: K. Marx/F. Engels, Werke (im folgenden: MEW), Bd. 25, Berlin 1964, S. 319

2 F. Engels, Ergänzungen und Nachtrag zum III. Buche des „Kapital", ebenda, S. 910

3 K. Marx, Das Kapital, Erster Band, in: MEW, Bd. 23, Berlin 1962, S. 168

die Große Ravensburger Gesellschaft, in Nürnberg vertrat: „Um vorteilhaft zu kaufen und zu verkaufen, mußte Krell nicht nur den gegenwärtigen Frankfurter Markt kennen, sondern darüber hinaus Angebot und Nachfrage auf den Märkten in Lyon, Brügge, Leipzig etc. Er mußte weiterhin die Qualität der Ware abschätzen können, die z. B. bei Safran und Stoffen außerordentlich wechselte. Und schließlich mußte er die Absatzmöglichkeiten nicht nur für seine Nürnberger Filiale, sondern im Hinblick auf die gesamten Unternehmungen des Hauses überschauen können; denn in den entsprechenden Dispositionen bestand der Vorteil der ständig untereinander korrespondierenden Filialen."[1]

In der hier skizzierten Richtung liegt in der Tat die Anforderungsstruktur an die intellektuellen Fähigkeiten des Kaufmanns. Das läßt sich auch aus den Geschäftsbriefen der Ravensburger Gesellschaft rekonstruieren: *Praktische Universalität*, das heißt *umfassende* Warenkenntnis, *umfassende* Kenntnis der Preise auf den jeweiligen Märkten und in den lokalen Zentren, *umfassende* Kenntnis der Situation in den verschiedenen Geliegern der Gesellschaft, *umfassende* Kenntnis der Absatzmöglichkeiten sowie der jeweiligen finanziellen Situation der Kunden, der Transportmöglichkeiten etc. gehören zu den Grundbedingungen erfolgreicher Handelstätigkeit. Da die Gesellschaft von dem Prinzip ausgeht, „am Einkaufen liegt der Gewinn", „alle Vorteile im Einkaufen suchen, denn am Einkaufen liegt die Kunst und der Gewinn", ist die genaue quantitative und qualitative Prüfung der Waren Grundbedingung.[2]

Um den günstigsten Einkaufs- wie Verkaufspunkt (zeitlich sowie lokal) zu bestimmen, ist es erforderlich, jeweils die Preisbewegung in Abhängigkeit von der Zeit wie auch die lokalen Preisdifferenzen sehr sorgfältig zu beobachten. Zum Studium der jeweiligen Situation in den entsprechenden Gebieten werden die Märkte aufgesucht und die Resultate in *vergleichenden* Warenkurszetteln festgehalten. Dabei ist für die Realisierung von Handelsgewinn nicht allein die Kenntnis der Preise, sondern auch die Kenntnis der absetzbaren Qualitäten und Mengen erforderlich. Sonst hat man einen „Unkauf" getan. Die Gesellschaft beschickte zum Kauf wie Verkauf, aber auch zur Analyse der Marktsituation, regelmäßig die Messen zu Frankfurt/Main, Nürnberg, Antwerpen, Lyon, Genf, Nördlingen, Valencia, Alkaniz, Mistelbach und Pest.

Aus dem Gesagten wird deutlich: Der besondere Zweck, das besondere Ziel des kaufmännischen Verhaltens kann nicht allein mittels eines sehr gut organisierten und eng kommunizierenden wirtschaftlichen Zusammenhanges der über Europa verstreuten Gelieger erzielt werden. *Der leitend tätige einzelne Kaufmann kann nur bestehen, wenn er auf der Grundlage einer relativ umfassenden politischen, ökonomischen und warenwirtschaftlichen Kenntnis zu kalkulieren weiß!*

Das *umfassende* Wissen, die genaue Information erscheint daher als entschei-

1 P. Wescher, Großkaufleute der Renaissance, Frankfurt/Main o. J., S. 82

2 A. Schulte, Geschichte der Großen Ravensburger Handelsgesellschaft, Erster Band, Stuttgart/Bern 1923, S. 120

dende Grundbedingung für die *besondere* Tätigkeit. In den bereits erwähnten Geschäftsbriefen findet sich wiederholt die Wendung: „Wer alle Dinge wüßte, würde bald reich." [1]

Das hier charakterisierte neue Verhältnis zu den Kenntnissen, zum Wissen erwächst jedoch nicht allein aus den beruflichen Anforderungen an die Fernhandelskaufleute. Eng verbunden mit den Bedürfnissen der italienischen und später auch der deutschen Städte entwickelt sich mit den Künstler-Ingenieuren der Renaissance eine soziale Schicht, deren Verhalten im Vergleich zu den Vertretern der herrschenden handwerksmäßigen Produktion ähnlich zu bewerten ist wie das des Kaufmanns im Vergleich zu den städtischen Warenproduzenten. Realisiert der Kaufmann den gesellschaftlichen Charakter der *Produkte*, so ist es das Anliegen der Künstler-Ingenieure, in der Vielfalt der gewerblichen *Produktion* das allgemeine Moment zu entdecken. Sie bemühen sich, die besonderen produktiven Tätigkeiten als spezielle Ausprägungen allgemeiner Zusammenhänge und genereller Verfahrensweisen zu verstehen und zu meistern. Den großen Künstler-Ingenieuren des 15. Jahrhunderts, Brunelleschi und Alberti, gelten das Wesen und das Allgemeine materieller Produktion als ein Entwerfen, Entdecken und Verwirklichen problemgerechter Proportionen und Regeln. So studiert Brunelleschi die Bauten der römischen Antike hinsichtlich ihrer architektonischen Proportionen, Valla analysiert die Regeln der lateinischen Grammatik und Ucelli sucht den Gesetzen der perspektivischen Malerei auf den Grund zu kommen. Alberti zeigt in seinem für Zivil- und Militäringenieure um 1450 geschriebenen Werk „Ludi mathematici", wie man die verschiedensten technischen Probleme als angewandte Geometrie zu lösen habe.

3. Die Kritik des Kusaners an der Trennung der Gegensätze

Nikolaus von Kues überschreibt das Kapitel 3 seines philosophischen Hauptwerkes „Die belehrte Unwissenheit" mit der Behauptung, die volle Wahrheit sei unergründbar. In dieser These kommt der spezifische Standpunkt des Kusaners gegenüber den Kontroversen der Scholastik zum Ausdruck, und indem er seine Behauptung begründet, legt er über die von ihm gebrauchten Argumente sein Verhältnis zu den tradierten philosophischen Problemen dar. Den Weg zur These von der Unergründbarkeit der vollen Wahrheit bahnt sich der Kusaner mit der Überlegung: Denken ist Messen. Es ist eben diese Bedeutung der menschlichen Erkenntnistätigkeit und deren Analyse, die seine These bedingt. Zieht man neben der „Belehrten Unwissenheit" auch spätere Werke des Philosophen zu Rate, dann zeigt sich, daß diese Interpretation der Erkenntnistätigkeit einschließlich der Erörterung der mit ihr verbundenen Probleme und Konsequenzen einen wesentlichen Teil seines Gesamtschaffens bilden.

1 Ebenda, S. 128

In dem erwähnten Text entwickelt er seine Auffassung wie folgt: „Alle Forschung besteht ... im Setzen von Beziehungen und Vergleichen, mag dies einmal leichter, ein andermal schwerer sein."[1] „Jede proportionale Beziehung bedeutet Übereinstimmung in einem Punkt und zugleich Verschiedenheit. Sie läßt sich deshalb ohne Zahlenverhältnis nicht denken."[2] Aus diesem Ansatz, Forschung an das Auffinden von proportionalen Beziehungen, von Zahlenverhältnissen zu binden (wobei das Zahlenverhältnis sowohl Gleichartigkeit wie Verschiedenheit reflektiert!), folgt dann für den Kusaner als Springpunkt seiner Überlegungen die Konsequenz: man kann die Gleichheit immer nur in gradweiser Näherung, und somit niemals von der Verschiedenheit getrennt, realisieren. „Wir finden... Gleichheit in gradweiser Näherung;etwas ist dem einen mehr gleich als dem anderen, gemäß der Übereinstimmung und Verschiedenheit von Gattung, Art, räumlicher Anordnung, Wirkfähigkeit, zeitlicher Ordnung mit ähnlichen Dingen. Aus all dem ergibt sich, daß sich nicht zwei oder mehrere so ähnliche und gleiche Dinge finden, daß sich ihre Ähnlichkeit nicht ins Unendliche steigern ließ. Deshalb wird Maß und Gemessenes trotz aller Angleichung immer verschieden bleiben."[3] Daraus folgert er dann: „Mit Hilfe der Ähnlichkeitsbeziehung kann ... ein endlicher Geist die Wahrheit der Dinge nicht genau erreichen. Die Wahrheit ist nämlich kein Mehr oder Weniger. Sie besteht in einem Unteilbaren."[4]

Zur Veranschaulichung des Gemeinten benutzt Cusanus dann die Vorstellung, daß sich der menschliche Geist so zur Wahrheit wie das Vieleck zum Kreis verhalte. Mit wachsender Seitenzahl approximieren gleichseitige Vielecke mit beliebiger Genauigkeit einen vorausgesetzten Kreis.

Beide Momente sind wesentlich: Kommen wir einerseits nie zu Gegenständen, die die Gleichartigkeit rein (das heißt in völliger Trennung von der Verschiedenartigkeit) zum Ausdruck bringen, so kommen wir auch nie zur für sich bestehenden Verschiedenartigkeit.

Ausdrücklich spricht Cusanus davon, daß alles aus entgegengesetzten Bestandteilen in gradweiser Verschiedenheit besteht, und indem es von dem einen mehr, von dem anderen weniger besitze, erreiche es die Natur des einen der Gegenteile dadurch, daß die eine der gegensätzlichen Bestimmungen die andere besiegt. Generell gilt: es lassen sich nicht zwei Gegenstände finden, die nicht auch Gemeinsames haben, und es lassen sich auch keine Gegenstände finden, die nur Gemeinsames haben. Deshalb kommen wir weder zur reinen Gleichheit noch zu reinen Gegenteilen!

„Da wir in den Gegensätzen ein Mehr oder Weniger finden, etwa im Einfachen und Zusammengesetzten, im Abstrakten und Konkreten, im Formalen und Materialen, Vergänglichen und Unvergänglichen usw., deshalb kommt man nicht

1 Nikolaus von Kues, Die belehrte Unwissenheit, Buch I, Berlin 1964, S. 7

2 Ebenda, S. 9

3 Ebenda, S. 15

4 Ebenda, S. 15

zum reinen Gegenteil oder zu dem, in dem die Gegensatzglieder in genau gleicher Weise zusammentreffen."[1]

Mit diesen Überlegungen legt der Kusaner also prinzipiell die *Untrennbarkeit* der Gegensätze zugrunde.

So betont er in den „Mutmaßungen" zum Beispiel, daß es nichts gibt, was „am männlichsten" ist, auch nichts, „was nur Natur oder Kunst" wäre. „Daß von den Sinnendingen die einen Naturdinge, die anderen Kunstdinge sind, liegt auf der Hand. Doch es ist nicht möglich, daß die natürlichen Sinnendinge völlig frei von Kunst sind, und umgekehrt können die künstlichen Sinnendinge nicht ganz ohne Natur sein."[2]

Die Behauptung des Kusaners, die volle Wahrheit sei in der Welt des Endlichen unergründbar und unerreichbar, ist so mit einer Absage an die Subsumtion der endlichen Dinge unter Eigenschaften verbunden, die als von ihrem relativen Gegensatz frei gedacht sind. Jede derartige Subsumtion, etwa die Bestimmung der menschlichen Sprache als eines künstlichen, das heißt unnatürlichen Sinnendinges, ist der Sprache gegenüber nicht angemessen, weil sie zwar aus der Kunst hervorgeht, sich aber zugleich auf die Natur stützt. Da dem Kusaner die Sprache objektiv als ein Kompositum von Natürlichem und Künstlichem gilt, ist es nicht möglich, eine *reine* Kunstsprache zu finden.

Wir wollen an diesem Beispiel zugleich noch einen Sachverhalt ausdrücklich vermerken, um die Einsicht, daß die volle Wahrheit nicht erreichbar sei, richtig bewerten zu können. Es ist nämlich für den Kusaner keineswegs ein bloßer Mangel des Endlichen, daß es in ihm keine von der Ungleichartigkeit getrennte Gleichartigkeit und kein von seinem relativen Gegensatz endgültig Getrenntes gibt. Die These von der Untrennbarkeit des Gegensätzlichen ist bei Nikolaus von Kues vielmehr mit der positiven Unterstellung verbunden, durch ihre Annahme den realen Wirkungszusammenhang des Endlichen besser reflektieren zu können, als es seine Subsumtion unter isolierende Eigenschaften vermöchte. Unterstellt man zudem die Gültigkeit der oben zitierten Auffassungen des Kusaners, daß die Natur eines Dinges durch die Dominanz einer der Gegensätze zustande kommt, dann bedeutet Subsumtion, einschichtig nur das jeweils Dominante zu denken und von der inneren Strukturiertheit der Dinge (von ihrer Konstitution aus entgegengesetzten Eigenschaften) abzusehen!

Von der Bestimmung ausgehend, Denken sei Messen, konfrontiert Nikolaus von Kues den realen Vollzug des Erkennens mit der der Erkenntnis zugrunde liegenden Intention, die Trennung der Gegensätze zu vollziehen. Er kommt zu dem Ergebnis, daß diese Trennung im Messen selbst nicht gelingt und daß vom Standpunkt der Welt des ein Mehr oder Weniger annehmenden Endlichen nicht für an sich getrennte Gegensätze optiert werden kann. Soll die Trennung als gelungen gelten, dann müsse dazu ein potentiell *unendlicher* Prozeß schrittweiser

1 Nikolaus von Kues, Die belehrte Unwissenheit, Buch II, Berlin 1967, S. 9

2 Nikolaus von Kues, Mutmaßungen, Hamburg 1971, S. 155ff.

Näherung als vollendet angenommen werden, in dessen Verlauf eine immer bessere Angleichung ausgewählter Merkmale an ihr Maximum bei gleichzeitiger Minimierung der jeweils entgegengesetzten Merkmale erfolgt. Nun sind wir als Menschen aber selbst endliche Wesen, insofern wir stets nur mit ausgewählten Gegenständen unseres Lebensbereiches operieren, die, wenn sie auch als Repräsentanten des begrifflich Gemeinten gelten, durch weitere Personen und weiteres Bemühen diesem noch präziser und besser anzunähern sind.

Es ist nicht zu übersehen, daß die von Kues eingeführte Vorstellung von der Grenzenlosigkeit derartiger Realisierungen die Behauptung der potentiell unendlichen konstruktiven Fähigkeit der Menschheit einschließt. Mit anderen Worten: Der Geist, das Erkenntnisvermögen, das der Kusaner reflektiert, ist als Charakteristikum der Gattung gemeint!

Im Fazit dieser Überlegungen formuliert der Kusaner die „Regel von der Belehrten Unwissenheit": „Das ist der Sinn der Regel der belehrten Unwissenheit, daß man in den Dingen, die ein Mehr oder Weniger annehmen, niemals zu einem schlechthin Größten oder einem schlechthin Kleinsten kommt, wohl aber zu einem tatsächlich Größten und Kleinsten."[1] Nikolaus von Kues gewinnt diese Regel in seinem Werk „Die belehrte Unwissenheit" und benutzt sie hier wie in fast allen seinen späteren Schriften als methodischen Ausgangspunkt für die philosophische Arbeit. Sie ist ein wesentliches Moment seines philosophischen Ansatzes, von dem der Philosoph in der Widmung seines Werkes an den Kardinal Julian Cesarini sagt: „Laß es Dir gefallen, daß ein Deutscher Dir eine Denkmethode . . . in theologischen Dingen vorführt, die unermüdliche Arbeit mir zu einer echten Herzenssache werden ließ."[2] Bevor wir diese Denkmethode und ihre Resultate explizieren, wollen wir auf ein Problem hinweisen, das gerade im Interesse der philosophiehistorischen Bewertung der kusanischen Philosophie erörtert werden soll. Denn es ist nicht allein die Interpretation des Denkens als Messen, sondern die in diesem Zusammenhang entwickelte Vorstellung von der konstitutiven Rolle der *Bewegung*, die Kues von seinen Vorgängern unterscheidet. Dies wird wegen der für uns häufig schwer kontrollierbaren Verwendungsweise des Unendlichkeitsbegriffs durch den Kusaner mitunter noch übersehen.

Die Auffassung vom Denken als Messen war bereits vor dem Kusaner im Kreis der Nominalisten erörtert worden, hatte aber eine von diesem verschiedene Bewertung erfahren. Nicolaus von Autrecourt greift ca. 1330 die realistische Wertlehre der Scholastik mit dem Hinweis an, daß Wertzuschreibungen nur im Resultat von Vergleichshandlungen zustande kommen. Er sieht dabei das Mangelhafte des realistischen Standpunktes darin, daß sie für *einen* Gegenstand fixiert, was realiter ein gemeinsames Charakteristikum mindestens zweier Objekte sei. Der Wert werde durch den Bezug *zweier* Gegenstände konstituiert. Nicolaus von

1 Nikolaus von Cues, Die Jagd nach Weisheit, Hamburg 1964, S. 21

2 Nikolaus von Kues, Die belehrte Unwissenheit, Buch I, a. a. O., S. 5

Autrecourt erklärt, daß Gegenstände, solange man sie für sich und als vereinzelte nimmt, gar keine Wertträger zu sein vermögen.[1]

In einem Punkt stimmte der Kusaner Nicolaus von Autrecourt zu: der Vergleich materieller Gegenstände ist die unabdingbare Voraussetzung dafür, Gleichartiges mit Gewißheit zu erfahren. Allein Nicolaus von Autrecourt qualifiziert diese Aussage auf Grund seiner nominalistischen Position anders als der Kusaner. Führt dieser unter dem Titel des Mehr und Weniger den Gedanken eines sukzessiven Fortschritts im adäquaten Erfassen des Gleichen ein, so lehnt jener die Wertzuschreibung als nicht die einzelne Sache betreffend ab.

Der hierzu relevante Gedankengang des Kusaners unterstellt: Man kann in bezug auf die Verwendung der „Regel von der belehrten Unwissenheit" zwei unterscheidbare Konsequenzen entwickeln.

(1) „Es ist also deutlich, daß wir über das Wahre nichts anderes wissen, als daß wir es in seiner Genauigkeit, so wie es ist, als unbegreifliches wissen. Die Wahrheit hat dabei die Bedeutung der absoluten Notwendigkeit, die nicht mehr oder weniger sein kann, als sie ist, unser Geist dagegen die Bedeutung der Möglichkeit. Die Wesenheit der Gegenstände, welche die Wahrheit der seienden Dinge ist, ist also in ihrer Reinheit unerreichbar."[2]

Unter diesem Gesichtspunkt wird die absolute Inkommensurabilität und Disproportionalität jedes als unendlich bezeichneten Größten gegenüber der Welt des Endlichen betont. Und es kommt heraus, daß wir das Unendliche als gewissermaßen *reines* Jenseits, als ein vom Endlichen getrenntes Unendliches, gar nicht zu wissen vermögen. Das für sich fingierte Faktum eines Unendlichen im Sinne eines gegenüber dem Endlichen abgesonderten und verselbständigten Unendlichen ist damit das Unbegreifliche. „Das Unendliche als Unendliches ist deshalb unerkennbar, da es sich aller Vergleichbarkeit entzieht."[3]

(2) Man muß akzeptieren, daß – mit den Worten des Kusaners – „das Unendliche das in Wirklichkeit ist, was in der Potenz des Endlichen liegt".[4]

Verbinden wir diese Behauptung des Kusaners mit der Überlegung, jedes Wahre sei ein Unendliches, dann finden wir hier die wechselseitige Bedingtheit des Endlichen mit dem Unendlichen als Ausgangspunkt. Hier geht es um das Unendliche als Unendliches des Endlichen. Nach der Auffassung des Kusaners bildet jede singuläre Erkenntnisleistung eine besondere Verendlichung von Unendlichem. Der menschliche Geist hat damit den Widerspruch in sich und ist als erkennender die Bewegung dieses Widerspruchs. Um dies zu verdeutlichen, sei folgende Passage aus dem Dialog „Der Laie über den Geist" zitiert.

Der Laie demonstriert einem Redner angesichts des Markttreibens, „die Weisheit erschallt in den Straßen". Er weist zunächst darauf hin, daß die zu beobach-

1 Vgl. H. Rombach, Substanz, System, Struktur, Bd. I, Freiburg/München 1965, S. 113

2 Nikolaus von Kues, Die belehrte Unwissenheit, Buch 1, a. a. O., S. 15

3 Ebenda, S. 9

4 Ebenda, S. 51

tenden alltäglichen Handlungen des Zählens, Wägens und Messens unterscheidende Tätigkeiten sind, die vermittels des „Einen" vollzogen werden. „Laie: Und wie das Eine Begründung der Zahl, so ist die kleinste Gewichtseinheit Begründung des Wägens und die kleinste Maßeinheit Begründung des Messens. Jenes Gewicht wird Unze genannt, jenes Maß Petit." Dann wird die Frage erörtert, wie die Maßeinheiten bestimmt werden. „Laie: ... wie nämlich das Einfache seinem Wesen nach früher ist als das Zusammengesetzte, so ist das Zusammengesetzte ... dem Einzelnen nachfolgend. Daher kann das Zusammengesetzte nicht das Einfache messen; umgekehrt ist's. Hieraus kannst du entnehmen, daß jenes, durch, aus und in dem alles Zählbare gezählt wird, durch keine Zahl erreicht wird. Und das, durch, aus und in dem alles Wägbare gewogen wird, kann durch kein Gewicht gefaßt werden. Entsprechend ist auch das, durch, aus und in dem alles Meßbare gemessen wird, durch kein Maß erreichbar."

„Einzig die Unendlichkeit ist diese Höhe", schreibt Kues wenig später und faßt zusammen: „Die Begründung ist es, durch, in und aus der alles Erkennbare erkannt wird, und an die dennoch keine Erkenntnis hingelangt. Sie ist es gleicherweise, durch, in und aus der alles Sagbare gesagt wird, und dennoch ist sie nicht durch Sagen sagbar. Sie ist es, durch, in und aus der alles Bestimmbare bestimmt wird und alles Beendbare beendet, und dennoch bleibt sie unbestimmbar durch Bestimmung, unbeendbar durch Endsetzung."[1]

Damit behauptet der Kusaner, daß wir mit jeder durch einen Standard regulierten Bestimmungsleistung nur verendlichen, einen Gegenstand als Wert einer gewissen Art indivualisieren, indem wir in Gestalt des Standards zugleich ein verendlichtes Unendliches akzeptieren und verwenden. Wir können die Bestimmtheit des Standards nur dann als Mittel zur Identifizierung von Werten gleicher Art gewinnen, wenn wir die prinzipiell nicht beendbare Arbeit der Standardpräzisierung dennoch durch Minimierung der Standardveränderung leisten. Nur wenn und solange wir jene leisten, gewinnen wir nämlich einen annähernd identischen Repräsentanten der jeweiligen Art. Beachten wir dabei außerdem, daß der Standard zugleich das Wahre eines Sachverhaltes darstellt, dann wird der Zusammenhang zwischen der Argumentation des Laien und jener eingangs zitierten Behauptung deutlich, wonach die reine Wahrheit jenes Unendliche ist, das mittels einer unabschließbaren approximativen Annäherung für uns gewiß ist. Nun ist jene mit dieser Wahrheitsauffassung gegebene reine Identität zweifellos ein paradigmatisches Beispiel für Abstraktes. Und der Kusaner sieht die Existenz von Abstraktem durch eine unaufhörliche Bewegung garantiert, die ihrerseits nach der „Regel von der belehrten Unwissenheit" in jedem ihrer Resultate den sie bestimmenden Widerspruch zwischen Möglichkeit und Wirklichkeit reproduziert.

Damit aber ist die Existenz von Abstraktem ebenso durch den Einschluß des Widerspruchs bedingt, wie die Bewegung unter Voraussetzung der Möglichkeit

1 Nikolaus von Cues, Der Laie über die Weisheit, Leipzig 1944, S. 43ff.

des Abstrakten erst als gerichtet erscheint. Die Annahme des Kusaners, jedes Wahre, jede Einheit stelle Unendliches dar, ist mit der Behauptung gleichbedeutend, Abstraktes sei selbst Moment einer gerichteten Bewegung, deren Unerschöpflichkeit auf der fortwährenden Reproduktion des eingeschlossenen Gegensatzes beruht.

Wenden wir diese Überlegungen für das Verständnis eines Systems von Werten einer Art an, dann gilt: Die Erhaltung eines gegebenen Systemzusammenhanges, den man metaphysisch als Veränderungs*losigkeit* der Mitglieder des Systems in bezug auf den Besitz der Werte bestimmt, ist für den dialektisch denkenden Kusaner das stets nur näherungsweise zu realisierende Produkt einer Bewegung, die die Veränderung zu minimieren sucht. Die „Ewigkeit" eines Systems ist also nur Ausdruck jener Bewegung.

Hier kommen wir nochmals auf des Kusaners Differenz zu Nicolaus von Autrecourt zurück. Während die nominalistische Liquidation der Wertrangfolge mit der Liquidation des Allgemeinen, mit der Vereinzelung der Dinge zu zusammenhanglosen, nur auf sich selbst bezogenen, atomistisch vorgestellten Existenzen einhergeht, schließt der Ansatz des Kusaners, die diskreten Einzelnen als Positionen der kontinuierlichen Bewegung zu reflektieren, eine andere Konsequenz ein. Nikolaus von Kues gewinnt das Allgemeine zurück – aber nicht als das im Sinne des traditionellen scholastischen Realismus von den Einzelnen getrennte verselbständigte und statische Allgemeine. Für den Kusaner ist das Allgemeine vielmehr in bezug auf den Widerspruch zwischen der Verhaltensmöglichkeit und dem wirklichen Verhalten der Dinge bestimmt. Es ist dies ein Widerspruch, der zwar durch keinen einzelnen Gegenstand gelöst werden kann. Nichtsdestoweniger realisieren aber die Gegenstände das Allgemeine und zwar in dem Sinne, daß etwa die Bestimmung einer Art die Charakterisierung des „Werdenkönnens" eines *Kollektivs* von Gegenständen ist.

Wir lesen bei Cusanus: „Da das Gewordene dem Werdenkönnen nachfolgt, ist es niemals so geworden, daß das Werdenkönnen in ihm völlig zum Abschluß gebracht wäre . . . In Platon ist z. B. das Werdenkönnen des Menschen nicht völlig zum Abschluß gebracht . . . Es bleiben unzählige andere, selbst vollkommenere Arten übrig . . . Vieles kann nämlich der Mensch werden, etwa ein Musiker, ein Geometer, ein Techniker, was Platon nicht war."[1] Den Artbegriff aber bestimmt der Kusaner wie folgt: „Da die Art die artgerechte Umgrenzung des Werdenkönnens ist, so zeigt sie folglich jene Merkmale der gleichen Art, deren Werdenkönnen in einem mit der Art identischen Gegenstand seine Grenze fände, wenn ein solcher entstehen könnte."[2]

So geht die „belehrte Unwissenheit" aus dem Versuch hervor, die objektiven Bestimmungen unter der Voraussetzung zu denken, daß sie nicht in der Trennung von, sondern als Positionen der Bewegung selbst bestimmt sind. Es geht ihm also

1 Nikolaus von Cues, Die Jagd nach Weisheit, a. a. O., S. 165

2 Ebenda, S. 129

darum, das Paradoxe eines in bezug auf kollektive Verhältnisse konstituierten, aber dem Einzelnen zugesprochenen Wertes dadurch in den Griff zu bekommen, daß er das Einzelne auch als Träger eines von ihm selbst bestimmten Kollektivs von Verhaltensweisen auffaßt, worin der Gegenstand die Ähnlichkeit mit einem vorausgesetzten Dritten als Folge gerichteter Verhaltensänderung realisiert.

An dieser Stelle könnte man einwenden, daß wir in unserer Darlegung einen Sprung vom Subjektiven zum Objektiven vollzogen haben, insofern wir es bisher vornehmlich mit der menschlichen Erkenntnisbewegung zu tun hatten, während jetzt zugleich von materiellen Gegenständen und deren objektiven Verhalten die Rede ist. Dieser Einwand ist hinfällig; für den Kusaner haben die verschiedenen Arten natürlicher Sachverhalte „auf ihre Weise" ebenso wie die Erkenntnis an der Dialektik der Bewegung teil.

Auf der für alle Seinsbereiche zutreffenden Dialektik der Bewegung beruht die Einheit der Methode, weshalb S. A. Tažurizina und Pál Sándor in ihren Analysen völlig zu Recht betonen: die Methode des Geistes ist für Cusanus grundsätzlich immer ein und dieselbe.[1]

Kehren wir nochmals zum zweiten Aspekt der „Regel" zurück. Nach Nikolaus von Kues liegt es in der Potenz des Endlichen, ein prinzipiell nicht abschließbares Größer- und Kleinersein zu repräsentieren. Daher kann man zur Erschließung der Charakteristika des Größten von den Verhältnissen des Endlichen ausgehen, insofern sie uns anzeigen, welche Verhältnisse sich zwischen Qualitäten bei deren kontrollierbarer Intensivierung resp. Maximierung oder Minimierung ergeben. Es ist dies ein Weg, der – wie Nikolaus von Kues sagt – in seiner Untersuchung vom Abbild ausgeht und in dessen überhöhter Proportion das Unbekannte sucht. Da es hierbei besonders wichtig ist, überschaubare und kontrollierbare Verhältnisse zum Ausgangspunkt zu nehmen, bedient sich der Kusaner der Leistungen der Mathematik zum Erfassen des Innergöttlichen. Die Vorliebe des Kusaners, die Charakteristika des Größten – Gottes – mit Hilfe mathematischer Beispiele und Überlegungen zu erforschen (eine Vorliebe, die ihm den jüngst von K. Flasch vorgetragenen Vorwurf der „Metaphysizierung der Mathematik" eingetragen hat[2]) ist durch folgende einfache methodische Überlegung begründet: „Geht nun die Untersuchung vom Abbild aus, so darf beim Abbild, in dessen überhöhender Proportion das Unbekannte gesucht wird, kein Rest von Unklarheit herrschen."[3]

Nicht zuletzt aus diesem methodenkritischen Grund benutzt der Kusaner daher in der „Belehrten Unwissenheit" nicht etwa biologische, chemische oder soziale, sondern vornehmlich mathematische Zusammenhänge, um diesen „Auf-

1 Vgl. Z. A. Tažurizina, Filosofija Nikolaja Kuzanskogo, Moskva 1972; sowie P. Sándor, Nicolaus Cusanus, Berlin/Budapest 1971

2 Vgl. K. Flasch, Nikolaus von Kues, Die Idee der Koinzidenz, in: J. Speck (Hrsg.), Philosophie des Altertums und des Mittelalters, Göttingen 1972, S. 252

3 Nikolaus von Kues, Die belehrte Unwissenheit, Buch I, a. a. O., S. 43

stieg" untersuchen zu können. Damit ist zugleich unterstellt, daß sich die Resultate, die sich aus den Zusammenhängen von Kreis, Gerade und Kugel beim „Größerwerden" ihrer Eigenschaften ergeben, auch bei der entsprechenden Analyse etwa biologischer Gegenstände ergeben würden, wären deren Voraussetzungen genauso „unwandelbar und für uns gewiß" wie die der abstrakten Objekte. In späteren Werken werden deshalb auch ausdrücklich außermathematische Zusammenhänge diskutiert. Dem widerspricht durchaus nicht, daß die Vorliebe des Kusaners für die Mathematik zugleich Ausdruck der Vorstellung ist, daß die Zahl alles umschließt, was zueinander in proportionale Beziehung gebracht werden kann.

Aus dem Gesagten geht hervor, daß sich Nikolaus von Kues nicht um eine „Metaphysizierung der Mathematik", sondern unter Nutzung funktionaler Zusammenhänge um die Aufdeckung des in Verhaltensfolgen sukzessiv erzeugten Gleichartigen der Gegenstände bemüht. Man vergleiche hierzu den oben zitierten Artbegriff.

In der Formulierung funktionaler Zusammenhänge waren ihm Nicolaus von Oresme und andere vorangegangen. Nicolaus von Oresme (etwa 1323–1382) hatte mit seiner Lehre von den latitudines formarum den Zusammenhang zwischen beliebigen der Messung zugänglichen Größen und den geometrischen Objekten Punkt, Linie und Fläche hergestellt. Damit wurde es möglich, die bereits vor Oresme im Kreis der Oxforder Naturphilosophie studierten Sachverhalte bei der Intensitätsveränderung der Formen geometrisch zu fixieren. Erarbeitete die mit ihrem Vertreter Duns Scotus (etwa 1265–1308) materialistisch orientierte Oxforder Naturphilosophie auf der Basis der Unterscheidung zwischen den Formen und ihrer als veränderbar gedachten Ausprägungsgrade bereits derartige Begriffe wie die eines gleichförmigen bzw. ungleichförmigen Intensitätszuwachses, so vermochte Oresme die mit den Formlatituden erfaßbaren Beziehungen zwischen der extensio und der intensio von Qualitäten überblicksartig zu vergleichen und zu klassifizieren. Oresme verknüpfte etwa die Beziehung zwischen der von einem Körper durchlaufenen Strecke (extensio) und den jeweiligen Geschwindigkeitsgraden (intensio) graphisch, indem er senkrecht zu einer Geraden, die die extensio repräsentiert, die zugehörigen jeweiligen Geschwindigkeitsgrößen (eigentlich: Momentangeschwindigkeiten) durch Strecken darstellte. Verbindet man die oberen Endpunkte der Strecken der Intensitäten, so ergeben sich zweidimensionale Figuren. Bei konstant bleibenden Intensitäten resultiert geometrisch ein Rechteck, ändern sich die Intensitäten gleichförmig, resultiert ein rechtwinkliges Dreieck resp. ein rechtwinkliges Trapez. Dagegen repräsentiert ein Halbkreis eine ungleichförmige Veränderung der Intensität.[1] Nimmt man nun noch die ausdrückliche Überlegung Oresmes auf, daß man sich jede einer Messung zugängliche Größe – außer den Zahlen – in Form einer kontinuierlichen Größe vorstellen kann, dann muß man angesichts der entwickelten natur-

1 Vgl. A. P. Juschkewitsch, Geschichte der Mathematik im Mittelalter, Leipzig 1964, S. 402ff.

philosophischen Tradition die Wendung des Kusaners zum „Aufstieg" vermittels des Studiums geometrischer Verhältnisse als eine Entscheidung für solche Objekte werten, die *beliebige* reale Verhältnisse kontinuierlichen Größer- resp. Kleinerwerdens repräsentieren. Daß sie sie zugleich *kontrollierbar* repräsentieren können, ist ebenfalls ein Produkt der bereits vorausgegangenen mathematischen Arbeiten. So bemühte sich Oresme um die qualitative Abschätzung der Gekrümmtheit (curvitas) von Kurven und formulierte den funktionalen Zusammenhang: die Intensität der Krümmung eines Kreises sei dem Radius umgekehrt proportional.

Wenn wir nunmehr das Anliegen des Kusaners, man müsse im „Aufstieg" von jenen Tatbeständen ausgehen, die „für uns gewiß" sind, bewerten wollen, dann enthüllt sich dieses vor dem skizzierten wissenschaftshistorischen Hintergrund als der Versuch, in den im Endlichen aufgefundenen funktionalen Zusammenhängen die Funktionalität der Welt aufzufinden. Denn die „Welt" ist für den Kusaner der Begriff für den universellen Wirkungszusammenhang der Dinge, und „Aussagemöglichkeiten über die Welt bestehen" – wie H. Rombach richtig bemerkt – „nur so, daß man die Funktionen bestimmt, denn sie machen durch ihr Funktionieren die Welt im ganzen aus ... Darum kann jedes einzelne Ding zur Quelle des Weltwissens werden."[1]

Und dies wird auch im prinzipiellen Verhältnis zwischen Gott und der Welt deutlich. Gott erscheint als das das Endliche nicht ausschließende Unendliche und die Welt als ein verunendlichtes Endliches. Oder Gott und die Welt werden explizite als dialektischer Widerspruch gedacht, als zur Einheit vermittelte gegensätzliche Bestimmungen, wobei ihr Unterschied ausschließlich durch die Dominanzverhältnisse gesetzt ist. So ist Gott gewissermaßen der Inbegriff dessen, daß das Unendliche das Endliche, und die Welt der Inbegriff dessen, daß das Endliche über das Unendliche dominiert.

Die in der Diskussion um das „Erkennen als Messen" gewonnene Einsicht in die Untrennbarkeit der Gegensätze des Endlichen und Unendlichen ist so die Grundlage und das Fazit aller Aussagen des Kusaners.

Es bleibt zu fragen, welchen objektiven Sachverhalten nun aber die gedankliche Trennung der Gegensätze entspricht, die wir nach Nikolaus von Kues ja vollziehen, um die Dinge zu unterscheiden.

Müssen wir die sich in einem stetigen Mehr oder Weniger bestimmende Einheit des Gegensätzlichen im Endlichen nicht vor dem Hintergrund einer an sich bestehenden Getrenntheit dualer Prinzipien bewerten? Vordergründig liegt dem scholastischen Weltbild des Thomas von Aquin eine derartige Dualisierung zugrunde. Einheit/Andersheit, Form/Materie, Ewigkeit/Zeitlichkeit, Ursache/Verursachtes, Wirklichkeit/Möglichkeit usw. gehören hier in der Tat verschiedenen Welten an: dem Reich der unveränderlichen göttlichen Wesenheiten und dem vergänglichen Reich der irdischen Erscheinungen. Und die konkreten Dinge

1 H. Rombach, Substanz, System, Struktur, a. a. O., S. 174

gelten als Kompositionen beider Welten. Um die Schöpfung stufenförmig und als Wertrangfolge organisieren zu können, benötigt der Aquinate Begriffe beider Reiche, die materia prima wie die forma separata und auch die für sich seienden Extreme des Möglichen und Wirklichen als zueinander gegensätzliche Konstitutionen des Seienden. Thomas von Aquin betrachtet das Weltgefüge als ein stufenförmig geordnetes Ganzes, dessen stufengleiche Teile mittels eines für sie charakteristischen Verhältnisses von Materie und Form zugleich qualitativ bestimmte und wertgleiche Weisen des Schöpfungsvollzugs sind. Damit erscheint bei Thomas von Aquin die Materie jedoch als bloße Bestimmbarkeit. „Als bloße Bestimmbarkeit kann die Materie" – wie W. Kluxen richtig bemerkt – „jedoch überhaupt nicht als irgendwie selbständige Größe gedacht werden; die erste Materie, der jede Bestimmtheit fehlt, ist reiner Grenzbegriff, mit dem wir nur auf die Notwendigkeit eines allgemeinen Substrates für den substantiellen Wandel – den Formwechsel – verweisen. Materie kommt in der Wirklichkeit (in rerum natura) nur unter Formen vor, von denen alle Bestimmtheit kommt. Dann freilich ist sie der Grund der Vielheit . . ."[1]

Wir sehen: Zwar fungieren für den Aquinaten Materie und Form als Konstituenten der Dinge, aber sie stehen von vornherein im Verhältnis der Ohnmacht zur Macht. Denn die Beziehung der Kategorien der irdisch-stofflichen Welt zu denen der ewigen ideellen Formen ist die des bloßen Bestimmtwerdens, so daß sich die thomistische Dualisierung lediglich als Vehikel begriffsrealistischer Subsumtion erweist. Man kann das im Anschluß an W. Kluxen auch an der thomistischen Urteilslehre deutlich machen. Danach hält Thomas es für falsch, das „Ist" in einem einfachen affirmativen Satz lediglich als Zeichen der positiven Zuordnung, der „compositio" von Subjekt und Prädikat aufzufassen. „Sein ursprünglicher Sinn, und damit der Sinn von Sein ist ganz klar der von Aktualität, von Wirklichkeit und Verwirklichung. Wer von etwas schlicht sagt, es ist . . ., der meint damit ganz unmißverständlich dessen in Akt-Sein."[2]

Bei Thomas entspricht also auch der Satz zunächst der behaupteten dualen Grundstruktur der irdischen Dinge. Subjekt und Prädikat repräsentieren die Extreme der reinen Materie und der reinen Form. Somit drückt das Subjekt die potentia, die Seins*möglichkeit* der Dinge aus, der erst durch das Prädikat Aktualität, Seins*wirklichkeit*, verliehen wird. Die Prädikation aber erfolgt gewissermaßen von außen; sie ist ein Akt der Schöpfung, denn als Quelle und Spender all dieser Seinsakte fungiert Gott, der reine Akt. Sein kommt ursprünglich und eigentlich nur Gott zu, und nur in Gott sind Möglichkeit und Wirklichkeit, Sein und Wesen in ungetrennter Einheit. Gott teilt seine Seinswirklichkeit stufenweise den Formen mit, die im Materiellen als causa formalis, causa finalis oder causa effeciens wirken. Prädikation erfolgt also als *Mitteilung*, über die vermittelt das Subjekt

1 W. Kluxen, Thomas von Aquin. Das Seiende und seine Prinzipien, in: J. Speck (Hrsg.) Philosophie des Altertums und des Mittelalters, a. a. O., S. 195

2 Ebenda, a. a. O., S. 202.

im Status der *Teilhabe* unter eine ihm gnädige Macht subsumiert ist. Schon in der Interpretation des Satzes erweist sich also der Sinn dieses Dualismus: Er ist das Vehikel, um die dem thomistischen Weltbild eigentümliche Subsumtion der irdischen Dinge unter Gott zu fundieren.

Er begründet, weltlich gesprochen, die hierarchische Struktur der feudalen Gesellschaft, in der sich – im Selbstverständnis der Feudalmächte – ökonomisch-politische Seinsmächtigkeit in der Verleihung von Lehen erweist und die Belehnten nur im Austausch gegen Gefolgschaftsdienste ihre Seinswirklichkeit mittels des ihnen verliehenen Anwesens realisieren können. Daß das Eigentum als Akt der Gebung, als Gabe, nicht aber als selbstgeschaffen gilt, wird auch im thomistischen Substanzbegriff reflektiert. „Substanz" ist nach Aristoteles dasjenige, was für sich selbst zu bestehen vermag. Substantialität kann in diesem Weltbild folglich den Dingen nicht eo ipso innewohnen, sondern kann nur eine ihnen von außen verliehene Eigenschaft sein, die von den Individuen und Dingen trennbar ist und ihnen gegenüber als eigenständiges Reich der Seinsmächtigkeit fixiert wird, das in Gott seinen Inbegriff findet.

Indem Nikolaus von Kues die Untrennbarkeit der Gegensätze als Existenzweise den Dingen zugrunde legt, holt er die himmlische, unendliche in die irdische, endliche Welt heim und gibt den Dingen ihre Substantialität zurück. Damit kündigt sich die Sichtweise einer neuen Welt an, in der sich die Individuen als Schöpfer und Eigentümer ihrer selbst und ihrer Welt verstehen werden. Das Patriziat, dessen Sprecher der Kusaner ist, beginnt zu begreifen, daß Seinsmächtigkeit keine von außen verliehene, sondern in Selbstbewegung und Selbsttätigkeit erwerbbare Eigenschaft ist.

4. Die Einheit der Gegensätze in der Bewegung und die Systemkonzeption

Wir wollen uns nun vor Augen führen, wie der Kusaner die „Regel von der belehrten Unwissenheit" methodisch nutzt, das soll heißen, wie er mit ihrer Hilfe die vorgefundenen Aussagen über Materie und Form interpretiert und modifiziert.

Er stellt zunächst fest, daß die Aussagen über Potenz, Möglichkeit oder Materie gemäß der „Regel von der belehrten Unwissenheit" begrenzt werden müssen. „Es ergeben sich . . . Unterschiede und Abstufungen, so daß das eine mehr wirklich, das andere mehr potentiell ist, ohne daß man jedoch zu einem schlechthin Größten und Kleinsten käme, da die größte und kleinste Wirklichkeit mit der größten und kleinsten Möglichkeit zusammenfallen und das im absoluten Sinne Größte ausmachen, wie im ersten Buch gezeigt wurde."[1] Damit akzeptiert der Kusaner zwar die graduelle Abstufung und die Existenz eines Größten, inso-

1 Nikolaus von Kues, Die belehrte Unwissenheit, Buch II, a. a. O., S. 63

fern mit diesem das faktisch Größte einer *endlichen* Vielheit gemeint ist, die wir etwa im Interesse des Vergleichs abgrenzen und aussondern müssen. Aber dieses Größte ist *nicht* vor dem Hintergrund der ontischen scholastischen Trennung der Extreme „an den Grenzen des Seienden" zu deuten. Über die Extreme erfahren wir bei dem Kusaner vielmehr, daß das unendliche Kleine und das unendliche Große nicht bloße Gegensätze, sondern zugleich füreinander der Gegensatz des Gegensatzes sind. Bei dem Versuch, Kleinstes und Größtes begrifflich zu bestimmen, fällt uns – ganz im Gegensatz zu der Intention, einander ausschließende Extreme zu fixieren – Gemeinsames zu. „Dieser Sachverhalt wird noch deutlicher, wenn man das Größte und Kleinste zur Quantität kontrahiert. Die größte Quantität ist ja doch die in ihrer Größe nicht übertreffbare Quantität, die kleinste Quantität, die in ihrer Kleinheit nicht übertreffbare."[1] Sie kommen beide darin überein, Unendliches darzustellen, „unübertreffbar" und Ausdruck ihres untrennbaren Zusammenhanges in der Bewegung zu sein.

Wir wollen versuchen, das methodische Schema anzugeben, das der Kusaner in vielen seiner Werke explizit bzw. implizit verwendet, wenn er für das Zusammenfallen der Gegensätze argumentiert.

Zunächst wird für solche Gegensätze wie Ruhe/Bewegung, Zusammengesetztes/Unzusammengesetztes etc., die wir hier mit A und Un-A abkürzen, festgestellt, daß sie genau dann *rein*, d. h. in Trennung von ihrem Gegensatz realisiert wären, wenn folgende Ausprägungen des A-Merkmals vorliegen:
Reines A dann, wenn das A-Merkmal ein Maximum ist.
Reines Un-A dann, wenn das A-Merkmal ein Minimum ist.

Diese Überlegung des Kusaners entspricht durchaus modernen methodologischen Problemstellungen. So führt der sowjetische Mathematiker A. A. Markow über die Bestimmungen der Verschiedenheit bzw. Gleichheit aus: „In einem akzeptablen Alphabet ist ein Erkennen der Gleichheit oder Verschiedenheit von Buchstaben leicht. Dazu muß nur gewährleistet sein, daß die Unterschiede zwischen zwei verschiedenen Buchstaben größer sind als die kleinen Unterschiede zwischen gleichen Buchstaben."[2] Danach ist also die Unterschiedlichkeit eine sehr große, die Gleichheit dagegen eine sehr kleine Verschiedenheit.

Für den Kusaner sind Maximum wie Minimum aber nun unendliches, nicht abschließbares Fortschreiten und Momente der Bewegung. Für ihn fällt die minimierende Bewegung mit der akkumulierenden Bewegung zusammen. Beide realisieren sich in untrennbarem Zusammenhang. Diese Behauptung des Kusaners offenbart ihren rationellen Gehalt unter der Bedingung, daß wir Gegenstände in Einheit mit ihrer Umwelt betrachten und davon ausgehen, daß ihr Bestehen an selbsterhaltende Tätigkeit geknüpft ist, das heißt an die Verarbeitung der realen Einwirkung der Umwelt. Unter dieser Voraussetzung ist die Erhaltung des Ge-

1 Ebenda, S. 17
2 A. A. Markow, Was ist konstruktive Logik?, URANIA-Schriftenreihe für den Referenten, 1975, Heft 3, S. 10

genstandes nur dann möglich, wenn er auf Einwirkungen so reagiert, daß er dabei sein mögliches Anderswerden minimiert. In einer solchen Bewegung koinzidiert aber in der Tat die Minimierung des Anderswerdens mit der Akkumulation der erfahrenen Einwirkung.

(Diese Interpretation macht übrigens die Vorstellung des Kusaners plausibel, wonach alles in allem sei, eine Ansicht, die wir weiter unten erörtern wollen.)

Setzen wir weiter voraus, daß ein System genau dann gegeben ist, wenn eine Vielzahl von Sachverhalten unter gemeinsamen generellen Verhaltenscharakteristika steht und wenn die Erhaltung des Ganzen im Wirkungszusammenhang der Teile erfolgt, dann beschreibt der Kusaner mit jener Koinzidenz der Gegensätze die Dialektik der reproduktiven Bewegung eines Systems. Man kann es auch so ausdrücken: Nikolaus von Kues gibt das Gesetz des „ewigen Teils" unter der Voraussetzung an, daß der Teil als Sachverhalt, das heißt als konkrete Einheit von Gegenstand und Verhalten aufgefaßt wird. Wir können dem mit der Einschränkung zustimmen: soweit die Koinzidenz gesichert bleibt, soweit besteht die Ewigkeit des Teils.

Wenn wir also Gegenstandsordnungen vor uns haben, in denen mit dem stärkeren Ausprägen eines Merkmals die Verminderung des entgegengesetzten Merkmals gekoppelt ist, dann werden nach dem Kusaner durch die Generalisierung Extreme nicht getrennt, sondern sie erweisen sich als Darstellungen ein und desselben Begriffs! Die größte Wirklichkeit, die als mit der kleinsten Möglichkeit gekoppelt gilt, fällt für den Kusaner notwendig mit der größten Möglichkeit zusammen.

Diese Vereinigung der gegensätzlichen Begriffe zu *einer* Struktur aber hat revolutionäre Konsequenzen für ihre Bewegung. Da die thomistische Weltvorstellung auf der ursprünglichen Getrenntheit der entgegengesetzten Kategorien beruhte und ihre Vereinigung erst nachträglich durch Komposition zustande brachte, wurde die Bewegung der Begriffe prinzipiell als linearer Regreß vorgestellt, der sich jeweils einem der reinen Extreme annähert.

Mit diesem Bewegungsmuster der Begriffe bricht der Kusaner. Indem er die Koinzidenz der Gegensätze an die Stelle ihrer äußerlichen Komposition setzt, die Entgegengesetzten also nicht in einer nachträglichen Operation miteinander verbindet, sondern deren Zusammengehörigkeit in ein und derselben Bewegung als ihre ursprüngliche Beziehung unterstellt, stellt sich ihm die Bewegung der Begriffe als in sich geschlossene kreisförmige Selbstbewegung dar. Sie verläuft unaufhörlich von einem Extrem zum anderen und wird unaufhörlich in sich reflektiert. Oder alle begriffliche Bewegung wird in diesen Kreis zurückgebogen. In der kreisförmigen Bewegung entdeckt der Kusaner die Figur für ein Unendlich-Endliches, das Muster einer Bewegung, die endlos fortgeht und dennoch in sich abgeschlossen ist: die Bewegungsfigur der identischen Reproduktion. Die Kühnheit dieser Idee ist freilich nur zu begreifen, wenn man in Rechnung stellt, daß für das thomistische Weltbild das Unendliche ausschließlich als transzendentes Absolutes existierte und alle Bewegung ihren Ursprung in Gott hatte. Mit dem

Begriff der endlich-unendlichen Kreisbewegung wird die Möglichkeit eingeführt, Bewegung als Selbstbewegung, das heißt unabhängig von einem Beweger, zu denken – auch wenn der Kusaner selbst diese Konsequenz noch nicht in aller Schärfe zu ziehen wußte.

Im Ringen darum, die Idee der Koinzidenz der Gegensätze zu fassen, nimmt der Begriff des Maßes einen zentralen Platz ein.

So geht es dem Kusaner in den mathematischen Traktaten (an Hand derer wir den Koinzidenzbegriff noch tiefer ausloten wollen) beispielsweise immer wieder darum, das „eine Maß" für das Gerade und Gekrümmte zu finden. Dazu bedient er sich trotz der Unterschiedlichkeit der in den verschiedenen Traktaten vorgeschlagenen Lösungen faktisch immer ein und derselben methodischen Auffassung: Kann ich eine Eigenschaft für das Maximum einer Größe demonstrieren, dann muß ich noch prüfen, ob diese Eigenschaft auch für das Minimum dieser Größe zutrifft. Gelingt dieser Nachweis, das heißt, kann die Koinzidenz des Krummen mit dem Geraden beispielsweise für das größte regelmäßige Vieleck und das kleinste regelmäßige Vieleck demonstriert bzw. angenommen werden, dann gilt die gefundene Eigenschaft für *alle* regelmäßigen Vielecke. J. E. Hofmann charakterisiert diese Methode folgendermaßen: „Erweist sich eine Eigenschaft für das Maximum und für das Minimum einer Funktion als richtig, so gilt sie auch für alle Zwischenwerte."[1]

Diese Überlegung des Kusaners, daß die Koinzidenz der entgegengesetzten Extreme auch die Koinzidenz als Charakteristikum aller Zwischenwerte einschließt, darf nicht unterschlagen werden, wenn man den theoretischen Kern seines Gesamtanliegens fassen will. Es ergibt sich nämlich für jedes Glied einer solchen Folge eine zweifache Betrachtungsweise: Zum einen ist es als Glied *dieser* Folge ein von den anderen Teilen wohl unterschiedener Teil eines *Gesamten* – zum Beispiel des Gekrümmten. Zum anderen ist es als Glied dieser Folge aber Teil eines *Ganzen*, das mit seinem Gegensatz koinzidiert. Der Gegenstand selbst ist die Einheit dieser Momente: als ein Dieser koinzidierend und als ein Koinzidierender ein Dieser.

Daß der Begriff der Koinzidenz näher durch den des Maßes bestimmt wird, kann nochmals an den Überlegungen des Kusaners zum Problem der Gleichheit verdeutlicht werden. In seinem Traktat „Von der Quadratur des Kreises" unterscheidet er zwei Begriffe von Gleichheit. Der eine ist der der „absoluten Gleichheit": „Wenn man . . . den Begriff der Gleichheit, soweit er sich auf eine Größe bezieht, absolut faßt ohne Berücksichtigung rationaler Bruchteile, dann ist die Aussage . . . richtig: Zu einer kreisförmigen Größe läßt sich keine genaue gleichgroße nicht-kreisförmige Größe angeben."[2] Auf dem absoluten Begriff der Gleichheit beruht die Spezifik des mathematischen Vorgehens. („In der mathematischen Wissenschaft ist jeder Satz, aus dem die genaue Gleichheit von Kreis und Quadrat

1 Nikolaus von Cues, Die mathematischen Schriften, a. a. O., S. 248

2 Ebenda, S. 41

folgt, unmöglich. Und jeder Satz, durch dessen Gegenteil die genaue Gleichheit eingeführt werden könnte, ist notwendig richtig.")[1] Auf dem Begriff der absoluten Gleichheit beruht aber auch die *Einzigartigkeit* des jeweiligen Sachverhalts. („Es hat also der Kreis wegen seiner Einzigartigkeit die folgenden Eigenschaften: Wie sich der Inzidenzwinkel nicht in einen geradlinigen verwandeln läßt, so läßt sich der Kreis nicht in eine geradlinig begrenzte Figur überführen.")[2]

Die zweite Möglichkeit, Gleichheit zwischen Gegenständen als gegeben zu akzeptieren, ist für den Kusaner dann vorhanden, wenn „einem andern gleich ist, was um keinen rationalen – auch nicht um den allerkleinsten – Bruchteil das andere übertrifft oder von ihm übertroffen wird." Und er fährt fort: „Wenn man den Begriff der Gleichheit so faßt, dann glaube ich, kann man mit Recht sagen: Zu einem gegebenen Vieleckumfang kann man den gleichen Kreisumfang geben und umgekehrt."[3]

Mit dieser Behauptung drückt der Kusaner die Überzeugung aus, daß die Sachverhalte *in* und *mittels* ihrer Einzigartigkeit zugleich Allgemeines realisieren! „Koinzidenz" bedeutet daher nicht, daß die Verschiedenheit ein für die wahren Zusammenhänge unwesentliches Akzidenz sei, das man im Interesse der Fixierung des Identischen beiseite lassen könne.

Subsumtion der Verschiedenheit unter die Allgemeinheit: diese These war schließlich das tragende Fundament des mittelalterlichen Begriffsrealismus gewesen. Und um sie zu stützen, hätte die coincidentia oppositorum nicht erfunden werden müssen. Das Anliegen des Kusaners, das sich – unter dem Aspekt der Ideengeschichte – in dieser Formel artikuliert, besteht vielmehr darin, die Kontroverse zwischen Realismus und Nominalismus konstruktiv zu überwinden. Nikolaus von Kues begreift offensichtlich die Einseitigkeit beider Standpunkte. Nach dem mit guten Argumenten vorgetragenen nominalistischen Plädoyer für die eigenständige Existenz des Einzelnen konnte nicht ein Begriff des Allgemeinen restauriert werden, der das Einzelne, die Verschiedenheit der vielen Einzelnen ignorierte; jedenfalls war das nicht möglich seitens eines Parteigängers des Renaissance-Papsttums und des Patriziats. Ebensowenig konnte sich der Kusaner von dieser Position aus jedoch mit der Vorstellung einer einheitslosen chaotischen Welt abfinden, die als notwendige gedankliche Konsequenz aus der nominalistischen Position folgt. Bei Kues scheint daher ein neuer Begriff des Allgemeinen auf: das Allgemeine gilt als ein in der Bewegung bestimmtes *Ganzes*. Ganzes aber ist ein Allgemeines, für das die Einzelnen oder Teile konstitutiv sind, wie umgekehrt die Teile von dem Ganzen bestimmt werden. „Koinzidenz" ist also für den Kusaner auch der Begriff, um den objektiv existierenden Doppelcharakter der Gegenstände zu fassen. den man erst dann ins Blickfeld bekommt, wenn man

1 Ebenda, S. 49
2 Ebenda, S. 39
3 Ebenda, S. 41

das Endliche mit dem Unendlichen, das Einzelne mit dem Allgemeinen *vermittelt*.

Der Vorstellung, daß das Allgemeine in Wahrheit Ganzheitscharakter trägt und daß es ein vermitteltes Allgemeines ist, sind wir bei Cusanus schon früher begegnet. Wir erinnern uns: Mit der Bewegung, die einen Sachverhalt als Individuum reproduziert, war für den Kusaner unlösbar die Einwirkung aller anderen Sachverhalte verknüpft, und umgekehrt war die Beziehung zu allen nur möglichen Sachverhalten einer Art die Bedingung für die präzise und konstante Bestimmung des Individuums.

Der Doppelcharakter der Gegenstände in ihren Wirkungszusammenhängen äußert sich in Form verschiedener Aspekte. Das Grundsätzliche dabei ist die Einsicht: Wenn ein Einzelnes sich in der Bewegung erhält, dann realisiert es zugleich und notwendigerweise Allgemeines; und die Gegenstände haben sowohl ein Moment des Passiven als auch des Aktiven an sich. So wie die Einwirkung anderer auf mich die positive Bedingung meiner Selbsterhaltung ist, sofern ich deren für mich negative Momente minimiere, so kann ich mich mittels meiner eigenen Einwirkung auf andere nur dann präzise bestimmen, wenn ich mich ständig akkumulierend vergleiche. Der Kusaner nennt diesen Vorgang auch „sich als Ziel der Ausfaltung zu setzen". Und den Gesamtprozeß der Selbstbewegung des Individuums charakterisiert er so: „Eigenschaft der Einheit ist es . . ., sich als Ziel der Ausfaltung zu setzen, da sie Unendlichkeit ist; also ist Ziel der Schöpferkraft der menschlichen Natur wieder die menschliche Natur selbst. Indem sie erschafft, gelangt sie nicht aus sich heraus, sondern indem sie ihre Kraft entfaltet, gelangt sie zu sich selbst."[1]

Da wir uns mit diesem Beitrag nicht das Ziel gestellt haben, ausdrücklich das Menschenbild des Kusaners zu entwickeln, nehmen wir diese Überlegung als Beispiel für die oben dargestellte Koinzidenz. Sie mag auch als Beispiel dafür dienen, wie auf der Grundlage des kreisförmig verlaufenden reflexiven Reproduktionsprozesses bei dem Kusaner bereits die Idee der Selbstentwicklung aufscheint, die in der klassischen bürgerlichen deutschen Philosophie – insbesondere bei Hegel – dann eine so große Rolle spielen wird. Und auch Hegel wird der Idee der Selbstentwicklung – in der Nachfolge von Schelling – kreisrelationale Bewegungsabläufe zugrunde legen.

An anderer Stelle betont Cusanus, daß der Mensch als Gattungswesen sein Vernunftvermögen an seinen eigenen Werken mißt.[2] Eine genaue Bestimmung der menschlichen Vernunft ist unter dieser Bedingung nur über den Inhalt aller vergangenen, gegenwärtigen wie zukünftigen Werke möglich. Der Begriff des Menschen reflektiert sich so über seine Produktionen, vermittelt sich über sein anderes mit sich.

Mit der Behauptung, die Vernunft gewinne nur über die Selbstvermittlung

1 Nikolaus von Kues, Mutmaßungen, a. a. O., S. 171

2 Vgl. Nikolaus von Cues, Über den Beryll, Leipzig 1938, S. 70

ihre Identität und Bestimmung, ist zugleich der unlösbare Zusammenhang zwischen Identität und Veränderung gesetzt. Die menschliche Gattung entwickelt sich durch die von ihr geschaffenen Werke. Freilich liegt dieser Vorstellung bei Kues eine idealistische Konstruktion zugrunde, denn hinter dem Trieb, die vorhandenen Werke durch neue zu ersetzen, steht für ihn nicht ein objektiver Zwang, sondern die verabsolutierte schöpferische Spontaneität des menschlichen Geistes, für die der schöpferische Geist Gottes Pate steht: „Alles, was er schafft (der menschliche Geist – d. Verf.) begrenzt ihn dabei nicht in seiner Möglichkeit noch mehr zu schaffen. Er ist in seiner Weise eine Grenze ohne Grenze."[1]

Das Wirkliche ist ihm überhaupt darum interessant, weil es überall und in verschiedenen Erscheinungsweisen diese Natur des Unendlichen ausdrückt, an ihr teilhat: besonders in der Gestalt des organischen Naturgegenstandes, des Kosmos und des Menschen. Die Gotteslehre des Kusaners ist damit in gewissem Sinne eine entfremdete Theologie. Zu diesem Urteil berechtigt uns vor allem die kusanische Lehre: „Der Gegensatz der Gegensetzung ist der Gegensatz ohne Gegensatz, wie das Ende alles Endlichen Ende ohne Ende ist."[2] Danach ist das Unendliche als das Exoterische der Welt zugleich das Esoterische des Wirklichen, es steht zu diesem in einem Verhältnis, das in der Cusanus-Forschung unter dem Titel der „Immanenz und Transzendenz Gottes" behandelt wird. Das Unendliche ist für den Kusaner eben kein sich dem Endlichen der Welt bloß gegenüberstellendes Unendliches, sondern zugleich die immanente Tendenz des Wirklichen, überall Enden zu zeitigen, die „Enden ohne Enden" sind und die sich im einfachsten Fall in der Gestalt kreisförmiger Prozesse realisiert. Es ergibt sich aber so aus dem Gottesbegriff des Kusaners das Paradox, daß überall da, wo Gott angetroffen wird, der Mensch und die Natur in ihrer Selbstbestimmtheit und Autonomie, das heißt in ihrer Unabhängigkeit von einem Schöpfer und Beweger, in den Blick kommen oder daß sich für den Kusaner Gott überall da zeigt, wo Mensch und Natur tendenziell auf eigenen Füßen stehen und in einem objektiven Systemzusammenhang zum Akteur des Wirklichen werden.

Welche besondere Bedeutung dabei dem Systemdenken zukommt, insofern es vom organisierten Verhalten einer *Mannigfaltigkeit* von Gegenständen ausgeht, hat jüngst R. Wahsner betont. Sie schreibt im Hinblick auf den Grundgedanken der materialistischen Naturdialektik, die Geschichte der Natur zu explizieren: „Dieser ist nur durchführbar, anerkennt man, daß ein realer Naturgegenstand nur von einem anderen Naturgegenstand erzeugt worden sein kann. Nur ein System von Naturgegenständen kann sich selbst erzeugen; und es existiert nur, weil und indem es sich selbst erzeugt."[3]

1 Nikolaus von Cues, Die Jagd nach Weisheit, a. a. O., S. 125
2 Nikolaus von Cues, Von Gottes Sehen, Leipzig 1944, S. 74
3 R. Wahsner, Was ist „die Natur"?, in: Wissenschaft und Fortschritt, 1976, Heft 8, S. 349

5. Die Natur – ein über ihr Wirken bestimmtes reproduktives Ganzes

Das Verhältnis zwischen Mensch und Natur war für Cusanus so bestimmt, daß der Mensch sich nur erkennend betätigt, indem er den Zusammenhang des Menschen mit der Natur realisiert. Eine ähnliche Vorstellung entwickelt der Kusaner für den Vorgang der Konkretion des Universums. Sie wird im III. Buch der „Belehrten Unwissenheit" und in den „Mutmaßungen" dargelegt.

Wir wollen uns an einem Beispiel verdeutlichen, wie sich der Kusaner etwa den Hervorgang der Gattungen, Arten etc. aus der Einheit des Universums vorstellt. Die dabei waltenden Grundgedanken kann man am Beispiel des „Hervorganges" – der spekulativen Konstruktion – der „Arten des Sehens" aus der „Einheit des Sehens" wie folgt veranschaulichen.

Danach gehen im ersten Schritt aus der Einheit des Sehens die drei Arten des Sehens hervor: Sehen mit dem Sinn, dem Verstand und der Vernunft. Diese Arten werden nun in einem zweiten Schritt jeweils so untergliedert, daß sie als Arten an sich selbst wieder *die* Momente enthalten, die im ersten Schritt die qualitative Verschiedenheit der Arten gegeneinander begründen. So zerfällt das Sehen mit dem Sinn in das sinnliche Sehen mit dem Sinn, das verständige Sehen mit dem Sinn und das vernünftige Sehen mit dem Sinn. Entsprechend werden die anderen Arten organisiert.[1] Man erkennt unschwer, daß in diesem Verfahren die Einheit der Gegensätze „der Einheit und Andersheit" – wie der Kusaner sagt – den leitenden Gesichtspunkt bildet. Zerfällt nämlich im ersten Schritt die unterstellte Einheit des Sehens in die Andersheit von 3 Arten, so gewinnen diese über den zweiten Schritt zugleich den Wert, daß man jetzt „im Bejahten das Nichtbejahte als Bejahtes" zu schauen vermag. Es kommt, wie dieses Zitat aus dem Werk „Vom Nichtanderen" zeigt, dem Kusaner darauf an, „im Anderen das ‚Nichtandere' als das Andere" zu erblicken. Wie ist das gemeint? „Wer im Anderen das Nichtandere als das Andere erschaut, der schaut im Erwärmten das Nichterwärmte als Erwärmtes und im Abgekühlten das Nichtabgekühlte als Abgekühltes . . . und im Teilbaren das Unteilbare als Teilbares . . . und ganz allgemein im Bejahten das Nichtbejahte als Bejahtes und schaut den negativen Satz als ein Prinzip des positiven von der Art, daß nach der Aufhebung des negativen eine Bejahung bestehen bleibt."[2]

In unserem Fall wird also im ersten Schritt die Einheit in eine Andersheit gegliedert, deren Teile sich gegenseitig ausschließen, weil, wie der Kusaner sagt, die Einheit des Sehens hier auf die drei Arten „eingeschränkt" wird. Mit dem nächsten Schritt erfolgt nun zugleich der Ausschluß des Ausschlusses. Jedes der Eingeschränkten enthält auf seine Weise – unter der Dominanz der Artspezifik – wieder das Ganze.

1 Vgl. Nikolaus von Kues, Mutmaßungen, a. a. O., Zweiter Teil, erster Abschnitt ff.

2 Nikolaus von Cues, Vom Nichtanderen, Hamburg 1952, S. 91

Auf diese Weise ist der Prozeß der „Konkretion des Universums" über die Gattungen und Arten bis zu den Individuen durch die dialektische Triade vermittelt, die von der Einheit über die Andersheit zur Einheit der Momente führt, so daß die so gewonnenen Vermittlungsprodukte als Besondere in ihrer Innenstruktur zugleich immer das Ganze widerspiegeln, als dessen unterscheidbare Teile sie makroskopisch fungieren.

Kues spricht sich in der „Belehrten Unwissenheit" auf das Bestimmteste dagegen aus, die Teile eines Ganzen – es geht hier um das Verhältnis von Sonne, Erde und Mond – so zu denken, daß einer der drei als *rein* Beeinflussender, der andere als der bloß Beeinflußte, der dritte dagegen als die Vermittlung erscheint. Er stellt die Einsicht dagegen, „daß der wechselseitige Bezug der Einflüsse derart ist, daß eine Einwirkung nicht ohne die andere sein kann".[1] In diesem Kontext polemisiert Kues gegen das traditionelle Vorurteil von der Unvollkommenheit der Erde, das unter anderem von dem Argument gestützt wurde, daß die Erde beeinflußt werde, aber selbst keinen Einfluß ausübe. Gegen allen Anschein hält der Kusaner daran fest, daß die Erde, wie jedes Naturding, Einfluß ausübe: „Als Stern beeinflußt sie, wie gesagt, vielleicht die Sonne und ihre Region in gleicher Weise. Und da wir keine andere Erfahrung haben als die unserer Lage im Mittelpunkt, in dem die Einflüsse zusammenfließen, so erfahren wir von solcher Rückwirkung nichts."[2]

Der zitierte Satz über den wechselseitigen Bezug der Einflüsse, auf dessen universeller Gültigkeit für die Teile innerhalb eines Naturganzen der Kusaner besteht und den er auch gegen den faktischen Anschein seiner Ungültigkeit verteidigt, stellt somit eine *philosophische* Hypothese dar. Diese betrifft die Determinationsverhältnisse in natürlichen Ganzheiten, die er wie folgt bestimmt: „In Gott ist die Einheit nicht in eingeschränkter Weise in der Dreifaltigkeit so wie das Ganze in seinen Teilen oder das Allgemeine im Einzelnen, sondern die Einheit selbst ist Dreifaltigkeit. Deshalb ist jedwede unter den göttlichen Personen die Einheit selbst. Und da die Einheit Dreifaltigkeit ist, so ist die eine Person nicht die andere. Im All jedoch kann es nicht so sein. Deshalb haben dort jene drei Wechselbeziehungen (correlationes), die in Gott als Personen bezeichnet werden, nur in gleichzeitiger Einheit wirkliches Sein."[3]

Kues fährt dann sogleich fort: „Dieser Unterschied muß genau beachtet werden. Denn in Gott ist die Vollkommenheit der Einheit, die Dreifaltigkeit ist, so groß, daß der Vater aktuell wirklich Gott ist, der Sohn aktuell wirklich Gott ist, der Heilige Geist aktuell wirklich Gott . . . Dieses Verhältnis jedoch ist unmöglich im eingeschränkten Sein, denn Wechselbeziehungen sind dort nur in Verbindung miteinander wirklich. *Deshalb kann auch keine dieser Beziehungen für sich das All sein, sondern nur alle zusammen.*"[4] Die ausdrückliche Voraussetzung

1 Nikolaus von Kues, Die belehrte Unwissenheit, Buch II, a. a. O., S. 101

2 Ebenda

3 Ebenda, S. 51

4 Ebenda (Hervorhebung von mir – *d. Verf*)

vieler unabhängiger wie aber auch kooperierender Gegenstände haben wir bereits oben mit R. Wahsner als notwendiges Moment einer Auffassung kennengelernt, die Gegenstände als durch eigenes Verhalten bewirkt ansieht.

Da aus dem Text der „Belehrten Unwissenheit" auch hervorgeht, daß mit den wechselwirkenden Momenten unter anderem Materie, Form und Bewegung gemeint sind, dem Kusaner aber das Verhältnis der reinen Materie zur reinen Form gerade als paradigmatischer Fall getrennter und verselbständigter Gegensätze gilt, ist festzuhalten: Für Kues ist keiner der so bestimmten Gegensätze für sich in der Lage, ein Ganzes zu konstituieren. Aber auch das „Ganze" ist keine abtrennbare, für sich bestehende Entität, keine neue Universalie, in deren abstrakter Allgemeinheit alle Unterschiede nivelliert sind, sondern das Ganze ist genau der Produktionszusammenhang seiner Teile, die, weil das Ganze durch sie und nur durch sie so bestimmt ist, selbst gegeneinander wechselwirkende sein müssen. Sollen die Teile – und dies eben ist bei Kues angelegt – als *Produzenten ihres eigenen Zusammenhanges* fungieren, dann müssen sie hinsichtlich solcher Gegensätze wie Tätigkeit und Leiden, Einzelnes und Allgemeines, Verstand und Sinnlichkeit selbst die Aufhebung dieser Gegensätze sein, oder die Teile müssen, um kommunizierend ein Ganzes zu bilden, *Momente* sein, das heißt Elemente, die mit ihrem Gegensatz vermittelt sind. Wie sich Cusanus diese Vermittlung vorstellt, haben wir schon anläßlich seiner erkenntnistheoretischen Konzeption gesehen. Danach haben sich Extreme wie reiner Verstand und reiner Sinn schon deshalb nichts zu sagen, weil sich der Verstand nicht als „reiner" Verstand *mitteilen* laßt, weil er ohne Sprache – ohne Nutzung sinnlichen Materials – keine Wirkungen erzielen kann. Umgekehrt ist der „reine" Sinn ohne Verstand ebenso stumm, er hat keinen Inhalt und daher keinen Kommunikationswert für diesen. Allein als sinnlicher Verstand und verständiger Sinn haben sie Bedeutung und wechselseitige Wirkungsfähigkeit füreinander. Nur unter der Voraussetzung, daß der Verstand mit dem Sinn und der Sinn mit dem Verstand vermittelt ist, das heißt, wenn Sinn und Verstand als Momente einer Einheit jeweils gleichzeitig selbst Einheit von Gegensätzen sind, kann die Bewegung des Ganzen als wechselseitige Aktion und Reaktion der Teile selbst bestimmt werden. Das aber bedeutet, daß die Teile eines Systems sowohl gleichartig als auch verschieden sein müssen. Wären sie nicht gleichartig, dann könnten sie nicht *wechselseitig* aufeinander wirken, wären sie nicht ungleichartig, dann würden sie einander nicht bedürfen. Kues drückt diesen Sachverhalt auch in Wendungen aus, wie: Jeder Teil ist das Ganze, aber auf besondere Weise. Jeder Teil drückt das Ganze von seinem Standpunkt aus. Die Spiegelung des Ganzen durch die Teile impliziert sowohl die Beziehung, daß der Teil in Abhängigkeit vom Gesamtzusammenhang erzeugt wird, als auch die Beziehung, daß der Teil den Gesamtzusammenhang mit seiner Aktion selbst schafft. Jeder Teil besitzt somit Qualitäten, die für das System konstitutiv sind. Aber er realisiert diese Tätigkeiten nicht in der direkten Beziehung zum Ganzen, sondern im Teil-Teil-Wirkungszusammenhang. Dieser aber ist ja eben das Ganze, und nur in seinem Rahmen sind die Naturdinge Teile. Das Ganze ist also nichts anderes als die ständige Reproduktion des Wechselwirkungszusammenhangs durch die wechselseitige Produktion, Reproduktion und Umbildung der Teile (Kues betont daher ausdrücklich, daß das Ganze durch jedes Glied in jedem Glied sei.)[1]

Für den Kusaner besitzt das Universum diese Beschaffenheit. Es ist eine sich selbst genügende – durch nichts außer ihm begrenzte, in sich zusammenhängende – Kooperation seiner Teile, über deren Aktionszusammenhang sich die Selbstreproduktion des Universums vollzieht. Jeder Teil des Alls hat daher notwendigerweise selbst die Qualität, sowohl den Gesamtzusammenhang zu beeinflussen als auch durch ihn beeinflußt zu werden. Und nur weil er selbst in den Gesamtzusammenhang eingeht, wird er durch den Gesamtzusammenhang reproduziert.

In den „Mutmaßungen" gibt Cusanus Darstellungen solcher Reproduktionszusammenhänge. Er reflektiert dort unter anderem die genetische Folge: Same – Baum – Same – Baum. Same und Baum werden dabei als selbständige Akteure aufgefaßt, und der Wirkungszusammenhang ihrer wechselseitigen Reproduktion wird von Kues als geometrische Figur veranschaulicht. Same bzw. Baum gelten als „Einheit" unter der Voraussetzung ihrer Selbstreproduktion, das heißt, wenn sie einen sich gleichenden Naturgegenstand hervorbringen. Relativ zueinander gelten sie als Andersheiten.

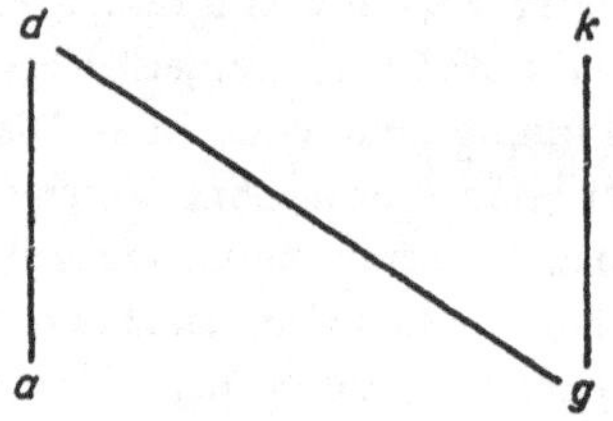

Wie nach dem Kusaner der Weg der Selbstreproduktion von Organismen verläuft, geht aus seiner obenstehenden Skizze hervor; a, d, g, k symbolisieren die Zustände Same, Baum, Same, Baum. Er hebt hervor, daß sich die Sameneinheit ohne ihren „Aufstieg" zum Baum „nicht in ihrer Artgleichheit vervielfältigen", ihre Einheit also nur über die Andersheit verwirklichen kann.

„a will also g hervorbringen, und weil es das ohne Aufstieg nach d nicht vollbringen kann, steigt es nach d auf, um so zu seinem Ziel zu gelangen. d als Baum sieht seinerseits, daß es sich nur in einem artgleichen Baum erhalten kann; es strebt also nach k, kann k aber nicht ohne g erreichen, daher steigt es hinab nach g, um durch k dieses Mittel erreichen zu können.

In a ist also ein zweifaches Streben verbunden, ein natürliches, das in g, ein hinzugekommenes, das in d endet. In d ist gleicherweise ein zweifaches Streben verbunden ... ebenso finden wir in g ein natürliches Streben ... und ein hinzu-

1 Vgl. ebenda, S. 39

gekommenes ... So siehst du, wie das eine Streben das andere antreibt und führt. So entsteht das fortdauernde Entstehen und Vergehen, wobei das Entstehen des einen das Vergehen des anderen ist ... Du bemerkst, wie auf Grund der Voraussetzungen die Einheit des Samens, die als solche nicht mitteilbar ist, in der Andersheit des Baumes die Möglichkeit erhält, mitgeteilt zu werden, und wie die Einheit des Baumes, an sich nicht mitteilbar, diese Möglichkeit in der Andersheit des Samens erhält."[1]

Die Andersheit ist hier also das Mittel für die *Mitteilbarkeit der Einheit*, sie ist wesentliche Bedingung für diese. Oder: Indem a hier ein Anderes produziert, worin es *unmittelbar* seine Negation vollzieht, sein Vergehen hat, reproduziert a *mittelbar sich selbst*.

Kues operiert im zitierten Text mit den Begriffen „natürliches" und „hinzukommendes" Streben. Wichtig an dieser Unterscheidung ist die implizite Aussage, daß sich das „natürliche" Streben (das er mit der Gesamtbewegung der identischen Reproduktion, also der Negation der Negation gleichsetzt) nicht im Selbstlauf realisieren kann, sondern daß es eines „hinzukommenden" Strebens bedarf, das die einzelnen Negationsschritte so leitet, daß sie gelingen. Nur auf der Grundlage des „natürlichen" Strebens kann die Reproduktion auch fehlschlagen. Erst ein „hinzukommendes" Streben vermag die Bewegung zu harmonisieren.

Diese Reproduktionsverhältnisse gelten auch für soziale Zusammenhänge. So realisiert im sozialen, auf die Produktion anderer Gegenstände gerichteten Verhalten a zwar seine Erhaltung. Aber a hat darin nur seine Erhaltung, wenn und solange d reproduktiv für a antwortet. Gesetzt, die Reproduktion des a geht vor sich, dann kann a – belehrt über den Zusammenhang, in dem es sich befindet – ein neues Verhältnis zur Bewegung finden. Seine Bewegung ist ja nicht mehr bloßes Vergehen, sondern im Gesamtzusammenhang Vergehen des Vergehens – Reproduktion!

Im Gesamtzusammenhang fallen also die Selbst*erhaltung* (Ruhe) und die *Veränderung* (Bewegung als Vergehen) zusammen. Sie fallen aber nur zusammen, insofern und solange der Gesamtzusammenhang wie beschrieben *harmonisiert* ist. Als objektiver Garant für die Harmonie derartiger Abläufe fungiert für den Kusaner Gott. Damit übernimmt Gott, der alles nach „Maß und Gewicht" geschaffen hat, die Funktion, Existenz und das Bestehen solcher Wirkungszusammenhänge zu begünstigen, in denen einander entgegengesetzte und füreinander endliche Veränderungen ein reproduktives Ganzes bilden. Im Hinblick auf die in der kreisrelationalen Verkettung von Wirkungen erfolgende Reproduktion der Akteure ist keiner für sich das Ganze. Mehr noch: Da sich hier die Einheiten immer nur über die Andersheiten „mitteilen", wie Cusanus sagt, sich also als Verhaltensprodukt ihres relativen Gegensatzes ergeben, ist die Einheit in der Gesellschaft nur mit ihrer Andersheit wirklich. Die „Andersheit" selbst muß aber zum reproduktiven Verhalten erst *bestimmt* werden. Und gerade dies führt wieder auf

1 Nikolaus von Kues, Mutmaßungen, a. a. O., S. 131

die Frage nach der Funktion des verselbständigten Allgemeinen zurück, führt auf die Frage nach der Funktion Gottes, denn keiner der am Geschehen beteiligten Teile hat aus sich die Macht, den „ewigen Frieden" der reproduktiven Ergänzung zu erzwingen!

Es bedarf daher in diesem System der Selbständigkeit Gottes, der die reproduktive Einheit des Gegensätzlichen durch Proportionierung sichert und die Andersheiten zum reproduktiven Verhalten bestimmt. Damit übernimmt Gott eine spezifisch sozialisierende Funktion, die der Kusaner übrigens gleich am Anfang seines Werkes „Von Gottes Sehen" dem Leser mit großem pädagogischen Geschick vorstellt.[1] Gott fungiert nicht als „primum mobile", sondern *organisiert* die *bestehenden* Bewegungen und Qualitäten so, daß jeder Teil als Wert, das heißt als zu reproduzierender Bestandteil, gilt.

Als Garant der Harmonie erscheint Gott – bei weitester Verwendung des Harmoniebegriffs – als derjenige, der die Verhaltensweisen qualitativ verschiedener Akteure so bestimmt, daß sie in ein und demselben Ganzen zu koexistieren vermögen. Dabei steht der Kusaner mit der Vorstellung von der Harmonie *aller* Bestandteile eines Ganzen natürlich politisch auf dem Standpunkt der bürgerlichen Interessen innerhalb der feudalen Gesellschaft. Man muß dabei sehen, daß sich der Kusaner theoretisch innerhalb von Grenzen bewegt, die mit den dem patrizischen Städtebürgertum im praktischen Verhalten gesetzten Grenzen zusammenhängen. Und das betrifft sowohl das Moment, daß Gott als Garant der Harmonie erscheint, als auch das Moment, daß die Harmonie *aller* angestrebt wird. Die Vorstellung von *Gott* als Garant der Harmonie im Sinne des idealistischen Pantheismus reflektiert wohl auch den Umstand, daß das mittelalterliche Städtebürgertum in seinem ökonomischen wie politischen Verhalten von Umweltvoraussetzungen abhängig war, die es selbst nicht beherrscht und geschaffen hat, deren beständiges Funktionieren und deren Koexistenz aber eine grundlegende Bedingung seiner Selbsterhaltung darstellen. Damit wird aber auch klar, daß die bei Cusanus angelegte Vorstellung, Naturgeschehen und Naturganzes einheitlich und vor allem aus dem eigenen Wirkungszusammenhang der Komponenten zu erklären – eine Ansicht, die im Kern mit den Überlegungen zur Unendlichkeit kreisrelationaler Zusammenhänge gegeben ist –, mit einer sozial motivierten Resurrektion Gottes in der Form des objektiven Idealismus zusammengeht und von hier aus inkonsequent ist.

1 Vgl. Nikolaus von Cues, Von Gottes Sehen, a. a. O., S. 53ff.

Helga Bergmann/Peter Ruben

Dialektik und Systemdenken in der französischen Aufklärung

Wer immer mit dem Begriff der Aufklärung eine der vornehmsten Leistungen der wissenschaftlichen Erkenntnis zu bestimmen oder zu würdigen versucht, wird die französische Aufklärung des 18. Jahrhunderts als den glänzenden, den exemplarischen Musterfall aller Aufklärung voraussetzen. Wer von der „ionischen" oder der „athenischen Aufklärung" in der Antike redet, setzt die französische Aufklärung als den Standard seiner Urteilsbildung. Wer „eine neue Aufklärung durch logisch-hermeneutische Disziplinierung unseres Denkens"[1] als Chance der Gegenwart vorstellt, setzt die französische Aufklärung als die Maßeinheit seiner Wertung. Und selbst wer pessimistisch die „Dialektik der Aufklärung" darin zu erkennen meint, daß Aufklärung überhaupt den „mythischen wissenschaftlichen Respekt der Völker vor dem Gegegebenen, das sie doch immerzu schaffen", verhimmelt und „als bloße Konstruktion von Mitteln" in der Tat „so destruktiv" ist, „wie ihre romantischen Feinde es ihr nachsagen"[2], selbst ein solcher im Geiste Schopenhauers gebildeter Ideologe stimmt ein in den Gebrauch der französischen Aufklärung als Paradigma der aufklärerischen Natur des wissenschaftlichen Erkennens.

Wenn wir im folgenden die so hoch bewertete französische Aufklärung zum Gegenstand der Untersuchung bezüglich des Zusammenhangs von Dialektik und Systemdenken machen, so sind wir uns dessen bewußt, daß wir lediglich einige Aspekte beleuchten werden. Für die Aufnahme der nachfolgenden Darstellung ist daher zu beachten, daß sie als Orientierungsskizze angelegt ist und dazu dienen soll, den historischen Standort der französischen Aufklärung in der Entwicklung des Zusammenhangs von Dialektik und Systemdenken zu erfassen. Dabei legen wir besonderes Gewicht auf die Analyse ausgewählter Vertreter der französischen Aufklärungsliteratur.[3]

Liest man Autoren der französischen Aufklärungsliteratur mit dem einfachen Ziel zu erfahren, ob und in welcher Verwendungsweise der Terminus „System" auftritt, so kann man in erhebliche Verlegenheit geraten: Es geschieht, daß man

1 P. Lorenzen, Konstruktive Wissenschaftstheorie, Frankfurt/Main 1974, S. 20

2 M. Horkheimer/Th. W. Adorno, Dialektik der Aufklärung, Frankfurt/Main 1971, S. 40f.

3 Der dazu vorgelegte Beitrag hat die Dissertation „Die Kritik der französischen Aufklärung am cartesianischen Systembegriff in der 1. Hälfte des 18. Jahrhunderts" von H. Bergmann zur Grundlage.

in einem ersten Satze auf die *Verurteilung* des Systemdenkens stößt, um im zweiten Satz sogleich von einer *Verteidigung* desselben überrascht zu werden. Aus solcher Verlegenheit kann man sich nur befreien, wenn man den jeweiligen System*begriff* zu explizieren versucht, der dem fraglichen Räsonnement zugrunde liegt. Eine derartige Explikation hängt jedoch von den theoretischen Voraussetzungen ab, mit denen man die Bestimmung des historischen Standorts zu geben versucht, den die französische Aufklärung einnimmt. Die Erarbeitung dieser Voraussetzungen vom Standpunkt des historischen Materialismus hängt wesentlich damit zusammen, die sozial-ökonomischen Grundvorgänge des 18. Jahrhunderts (Durchsetzung des kapitalistischen Privateigentums an Grund und Boden vermittels der terroristischen Liquidation des feudalen Gemeineigentums, Entfaltung der industriellen Revolution und des kapitalistischen Fabriksystems) genau im Auge zu behalten.

Mit Bezug auf den ideengeschichtlichen Zusammenhang werden wir im folgenden von der allgemein akzeptierten Voraussetzung ausgehen, daß der systematische Standort der Aufklärung als *Negation der Metaphysik* des 17. Jahrhunderts charakterisiert werden kann. Dabei ist zu beachten, daß diese Metaphysik als der ideologische Reflex einer Epoche zu denken ist, in der die Herrschaft des nationalen bürgerlichen Handelskapitals (mit Holland als seinem Musterland) auf dem seit der Renaissance geschaffenen Weltmarkt voll durchgesetzt ist. Die Metaphysik des 17. Jahrhunderts ist demgemäß die historisch erste Gestalt der *klassischen* bürgerlichen Philosophie, während die Aufklärung – als Negation der Metaphysik – deren zweite geschichtlich auftretende Gestalt ist. (Die klassische deutsche Philosophie – als „gehaltvolle Restauration" der Metaphysik des 17. Jahrhunderts – bildet die dritte und abschließende Gestalt der klassischen bürgerlichen Philosophie.) Die großen Vertreter der Metaphysik sind Descartes, Spinoza und Leibniz einerseits (realistische Variante) sowie Hobbes andererseits (nominalistische Variante). Die Aufklärung beginnt in England mit den Werken Newtons und Lockes; indem beide seit Mitte der dreißiger Jahre des 18. Jahrhunderts französisch gedolmetscht werden (durch Maupertuis und Voltaire), erzeugt sich die französische Hochaufklärung vermittels des Kampfes gegen die Metaphysik unter Ausnutzung der eigenen sogenannten Frühaufklärung (Fontenelles und Bayles).

Über Leibniz sei angemerkt, daß er gegenüber der Metaphysik eine ähnliche Stellung einnimmt wie Kant gegenüber der Aufklärung: Indem er sie vollendet, hebt er sie zugleich auf! So ist Leibniz zugleich Stammvater der Aufklärung in Deutschland.

Die oben erwähnte Verlegenheit hinsichtlich der in der Aufklärungsliteratur feststellbaren Verurteilung und Verteidigung des Systemdenkens hängt unter Annahme dieser historischen Periodisierung damit zusammen, daß die Aufklärung ihren eigenen Systembegriff aus der Negation des metaphysischen Systembegriffs gewinnt. Versteht man gemäß der modernen Auffassung unter einem System schlicht eine Gesamtheit von Gegenständen, in der gewisse Relationen bestehen (deren Gesamtheit die „Struktur" des Systems heißt), so ist einsichtig, daß Metaphysik wie Aufklärung gleichermaßen den Gegenstand des wissenschaftlichen Erkennens als System ansehen.

Zum Beweis dieser Behauptung betrachten wir zunächst Descartes' Konzept als den Musterfall der metaphysischen Systemauffassung: In seinen „Prinzipien der Philosophie" erklärt der französische Begründer der klassischen bürgerlichen Philosophie die Materie als eine (kontinuierliche) Gesamtheit von Teilen, denen verschiedene Bewegungsgrößen zugeteilt sind. Als Naturgesetze des Verhaltens dieser Teile führt er an, daß jeder von ihnen „stets in demselben Zustand verharrt und diesen nur infolge äußerer Ursachen verändert"[1], daß weiter „jeder materielle Teil, für sich betrachtet, nur in gerader Richtung, aber nie in gekrümmter seine Bewegung fortzusetzen strebt"[2], daß schließlich, „wenn ein Körper einem anderen begegnet und seine Kraft, in gerader Linie sich fortzubewegen, geringer ist als die Kraft des anderen, ihm zu widerstehen, er in eine andere Richtung ausbiegt, wobei er seine Bewegung behält und nur die frühere Richtung verliert"[3]. Mit diesen bekannten drei cartesischen Naturgesetzen sind die Relationen erklärt, welche die Materie als die Gesamtheit ihrer Teile im Sinne des Systembegriffs vorstellen.

Mit Bezug auf die Aufklärung erinnern wir daran, daß Newtons Gravitationstheorie gerade den aufklärerischen Sinn gewann, das Sonnensystem als Modellfall beliebiger Gravitationssysteme ohne Rückgriff auf eine göttliche Vorleistung erklären zu können. Der Unterschied des Systemkonzepts der Aufklärung gegenüber dem der Metaphysik ist angesichts dieses Paradigmas deutlich: Während in der Metaphysik Systeme durch Austauschprozesse bestimmt sind, sieht die Aufklärung Systeme wesentlich durch Kräfte konstituiert, die auf vorausgesetzte Körperindividuen über Fernwirkung Einfluß haben. Damit treten zugleich an die Stelle des *einen* Systems der materiellen Teile die *vielen* durch Gravitation bestimmten Systeme der unendlichen Natur.

Was die erkenntnistheoretisch-methodologische Seite des Systemdenkens betrifft, so kann man sagen, daß in der Metaphysik ein Begriff des Systems der Erkenntnis gebildet worden ist, der heute wieder erhebliche Bedeutung erlangt hat. Dieser Begriff stammt von Blaise Pascal. In seiner Arbeit „Vom geometrischen Geiste" (1645) formuliert er die Prinzipien der axiomatischen Methode mit der Feststellung: Die „wahre Methode ... hätte in der Hauptsache in zweierlei zu bestehen: einmal keinen Begriff anzuwenden, dessen Sinn man nicht vorher eindeutig erklärt hat, dann keinen Satz vorzubringen, den man nicht auf Grund bereits erkannter Wahrheiten bewiesen hat, das heißt in einem Wort, alle Begriffe zu definieren und alle Sätze zu beweisen".[4] Pascal weiß dabei natürlich, daß Grund-

1 R. Descartes, Die Prinzipien der Philosophie, in: Philosophische Werke, hrsg. v. A. Buchenau, Bd. 2, Leipzig 1922, S. 49

2 Ebenda, S. 50   3 Ebenda, S. 52

4 B. Pascal, Vom geometrischen Geist, in: Pascal, Auswahl u. Einleitung v. R. Schneider, Frankfurt/Main 1954, S. 95

begriffe undefinierbar und Grundsätze (Axiome) unbeweisbar sind. Die methodologische Maxime der Axiomatisierung ist also: Gebrauche so wenig (undefinierte) Grundbegriffe wie möglich und definiere alle anderen Begriffe einer Theorie mit ihrer Hilfe; gebrauche so wenig (unbewiesene) Grundsätze wie möglich und beweise alle anderen Sätze (Theoreme) mit ihrer Hilfe! Unter Anwendung dieses methodologischen Programms ist klar, daß das darin erzeugte theoretische Produkt ein System sein muß. Seine Elemente sind die Axiome und Theoreme; sie werden untereinander vermittelt durch die logische Folgebeziehung.

Das Programm der Metaphysik wird durch die Aufklärung aufgehoben. Condillac, der große „Ideologe" der französischen Aufklärung, erinnert daran, daß die Menschen längst gedacht haben, ehe sie danach forschten, wie man denkt: „Sicherlich würde kein Mensch auf den Gedanken kommen, Definitionen, Axiome, Prinzipien aufzustellen, wenn er zum ersten Mal von den Fähigkeiten seines Körpers Gebrauch machen wollte. Er kann es auch nicht ... Wir werden also diese *Logik* nicht mit Definitionen, Axiomen, Prinzipien beginnen: wir werden zunächst die Lehren ins Auge fassen, die die Natur uns erteilt."[1] Damit ist unmißverständlich die Absage an das methodologische Programm der Metaphysik ausgesprochen. Und positiv besteht das methodologische Programm Condillacs – und dies ist das Programm der Aufklärung – bekanntlich dann darin, natürliche Phänomene durch Aufstellung von Gleichungssystemen darzustellen. Es besteht so in der vollen Durchsetzung der *analytischen* Methode, wie sie durch die Physik Galileis und Newtons bereits vorgegeben ist.

In diesem Zusammenhang muß man die kontinuierliche Bindung zwischen der Metaphysik und der Aufklärung beachten, die hier darin besteht, daß die von der Metaphysik nach dem Vorbild Euklids konzipierte axiomatische Methode tatsächlich auf Axiome und Theoreme angewandt wird, die bereits *analytische* Sätze (das heißt Gleichungen oder Ungleichungen) sind. Was die Aufklärung beseitigt, ist das, was Newton „Hypothesen" nennt, daß heißt „klare und einleuchtende" Urteile, die keinen *empirischen* Sinn haben, also nicht in experimentell präzisierten Situationen entscheidbar sind. Indem die Aufklärung mit der Rezeption des angelsächsischen Erbes gerade den empirischen Sinn der Erkenntnis will, muß sie gegen die metaphysische (realistische) Evidenzvorstellung zu Felde ziehen. Positiv proklamiert sie daher die analytische Methode in ihrer *handwerklichen Realisation*: „Es gibt wirre Köpfe (esprits faux), die umfangreiche Studien getrieben haben. Sie bilden sich etwas auf ihre Methode ein und urteilen nur um so schlechter. Je mehr man nämlich einer schlechten Methode folgt, desto mehr geht man in die Irre. Man nimmt unklare Begriffe und sinnleere Worte für Prinzipien; man schafft sich einen wissenschaftlichen Jargon, in welchem man die Evidenz zu sehen glaubt, doch kennt man in Wahrheit weder das, was man sieht, noch das, was man denkt, noch das, was man sagt. Man wird seine Gedanken nur insofern analysieren können, als sie selbst das Werk der Analyse sind.

1 Condillac, Die Logik – Die Sprache des Rechnens, Berlin 1959, S. 4

Durch die Analyse also, und ... nur durch die Analyse, müssen wir uns unterrichten ... Die Analyse hat alle Entdeckungen gemacht, mit ihrer Hilfe werden wir alles wiederfinden, was jemals gefunden worden ist, und was man *Erfindungsgeist* (*méthode d'invention*) nennt, ist nichts anderes als die Analyse." [1]

In diesem Zusammenhang ist der Umstand nachdrücklich zu betonen, daß Metaphysik und Aufklärung gleichermaßen das System eines bestimmten Wissens in der Gestalt von Gleichungen und Ungleichungen (Ordnungen) vorstellen. Solche Vorstellung ist überhaupt das methodologische Charakteristikum des Systemdenkens in den Fachwissenschaften. Die moderne sogenannte „Systemanalyse" unterscheidet sich in keiner Weise von diesem Charakteristikum. Was man heute mit dem Blick auf die Operationsforschung oder die Kybernetik „Systemdenken" nennt, bedeutet der Sache nach das Programm, die *Mathematik* als das nicht-empirische Fundamentalmittel der empirischen Analyse auf Zusammenhänge und Vorgänge anzuwenden, die früher für mathematisch orientierte Untersuchungen als unerreichbar galten (zum Beispiel Organisationsleistungen des Unternehmers). Aber eben dieses Programm ist das – der Metaphysik!

Die faktische und qualitativ von den Problemen der Metaphysik und Aufklärung verschiedene Grundlage der modernen „Systemanalyse" ist der Übergang zum Studium von Kommunikationsprozessen und biologischer Phänomene mittels des Einsatzes der Mathematik. Und dieser Übergang gehört unserer Zeit an, nicht aber das methodologische Programm, reale Verhältnisse durch Gleichungssysteme zu repräsentieren.

Die kurze Skizze des metaphysischen und des aufklärerischen Systembegriffs hat ergeben, daß in der (realistischen) Metaphysik Systeme durch Austausch von Bewegungsinvarianten charakterisiert werden, während in der Aufklärung Systeme vielmehr durch Kräfteeinflüsse vorgestellt sind. Methodisch bevorzugt die (realistische) Metaphysik die axiomatische Methode, während die Aufklärung die empirische Analytik in den Mittelpunkt stellt (bei forcierter Entwicklung der mathematischen Analysis). Dabei ist zu beachten, daß die axiomatische Methode der Metaphysik, die sich ohnehin auf den Gebrauch analytischer Urteile (geltender Gleichungen und Ungleichungen) bezieht, keineswegs im Gegensatz zur empirischen Analytik steht. Es handelt sich nur darum, daß man in der empirischen Verwendung der analytischen Methode zu Theorien gelangt, deren logische Ordnung durchaus problematisch bleibt, wenngleich deren praktische Verwendbarkeit außer Frage steht. Denn eben in der empirischen Praxis sind sie ja gewonnen.

Indem wir die Ersetzung des metaphysischen Systemdenkens, das Systeme durch Austauschprozesse bestimmt sieht, durch das aufklärerische Systemdenken, das Systeme über Wechselwirkungen zwischen materiellen Individuen bestimmt sieht, konstatieren, implizieren wir natürlich die Frage: Wie eigentlich ist das Verhältnis der Aufklärung zur Metaphysik historisch und systematisch bestimmt?

1 Ebenda, S. 21

Ist die Aufklärung etwa nicht die Liquidation der Metaphysik? Aber in der philosophie- und wissenschaftshistorischen Literatur wird uns doch vielfach versichert, daß die „lichte" Aufklärung die „dunkle" Metaphysik erledigt habe! Um diese Problemlage zu bewältigen und damit zugleich eine Bestimmung des historischen Standorts des Systemdenkens der Aufklärung wie seines Verhältnisses zur Dialektik zu geben, müssen wir wenigstens eine kurze Analyse der Genesis der Aufklärung vornehmen. Im Anschluß daran werden wir die Entwicklung des Systemkonzepts von der Metaphysik zur Aufklärung detaillierter anhand der Literaturanalyse verfolgen.

1. Metaphysik und Aufklärung: Substanz und System

Die Metaphysik des 17. Jahrhunderts ist die erste geschichtliche Gestalt der klassischen bürgerlichen Philosophie. Sie tritt als ideologischer Reflex der Bildung des nationalen Handelskapitals und der Manufakturproduktion auf, wobei zu beachten ist, daß dieser Vorgang politisch in einer speziellen Rolle des absolutistischen Fürstentums erscheint: Der despotische Absolutismus unterwirft mit dem Gelde des Handelskapitals (also als Schuldner desselben!) den alten Feudaladel und initiiert die Gründung von Manufakturen – häufig als Monopolunternehmen –; zugleich aber schließt er die Bildung des privaten Grundeigentums – dieser elementaren Basis der kapitalistischen Produktionsweise – aus, weil er selbst nichts als der politische Überbau des feudalen Grundeigentums ist. (Man betrachte nur die fortwährenden Versuche der absolutistischen Fürsten, die wachsende Anzahl der „Einhegungen" durch Erlasse zu beschränken!) Fortwährend in Geldnöten, tritt der despotische Absolutismus nach außen als Eroberer auf (Erschließung neuer Einkommensquellen), während er im Innern die Konstituierung der bürgerlichen Nation vorbereitet. Um sich durchzusetzen, stützt er sich auf das Bürgertum; indem er sich durchgesetzt hat, wendet er sich gegen die weitere Entwicklung der Bourgeoisie.

Um die Metaphysik als echte Gestalt der bürgerlichen Weltanschauung zu begreifen, hat man entschieden den genannten Umstand im Auge zu behalten: Mit der historischen Formierung des nationalen Handelskapitals tritt die Bourgeoisie in der Tat zum ersten Male in ihrer Geschichte als eine *nationale* Klasse auf und steht damit am Vorabend ihrer politischen Revolution. Die Epoche der Metaphysik wird denn auch durch den faktischen Sieg des holländischen Bürgertums (1609) einerseits und durch die „Glorreiche Revolution" in England (1688) andererseits politisch ausdrucksvoll umrahmt. Wenngleich selbstverständlich sowohl die niederländische wie die englische Revolution weltgeschichtliche Auswirkungen haben, erscheinen sie zu ihrer Zeit dennoch wesentlich als lokale Ereignisse, die den Grundbestand des europäischen Feudalabsolutismus nicht ernsthaft auflösen. Dies geschieht erst mit der französischen Revolution (1789). Aber sie definiert bereits den Endpunkt der Epoche der Aufklärung.

Der Begründer der bürgerlichen Metaphysik ist René Descartes (1596–1650), dessen metaphysischer Realismus sogleich im metaphysischen Nominalismus von Thomas Hobbes (1588–1679) seinen theoretischen Gegenpol fand. Das einigende methodische Konzept der Metaphysik besteht in der Anerkennung des vor allem von Galilei gelieferten Vorgehens in der Physik, wobei Descartes ebenso wie Hobbes die Bedeutung der Arithmetik und Geometrie als Standardfälle des wissenschaftlichen Vorgehens schlechthin herausstellen. Die *Mathematisierung* der wissenschaftlichen Erkenntnis der Natur, das ist das Fundamentalkonzept der Metaphysik in methodischer Sicht!

Das weltanschauliche Grundproblem der Metaphysik stellt sich für Descartes als Aufgabe der Bestimmung der *Substanz* dar. Man hat zum Verständnis dieses Problems zu bedenken, daß die Frage nach der Substanz für die bürgerliche Metaphysik eine ganz ähnliche Rolle spielt wie die Frage nach der Arché für die antike griechische Philosophie. Angesichts der heute mancherorts geäußerten Vorstellung von der Notwendigkeit, das Substanzkonzept aufzugeben, ist es sicher nützlich zu bemerken, daß bekanntlich Marx in seiner Arbeitswerttheorie ohne Skrupel von der „Substanz der Werte" spricht[1] bzw. die Warenwerte als „Kristalle dieser ihnen gemeinschaftlichen gesellschaftlichen Substanz" erklärt[2], welche die „unterschiedlose menschliche Arbeit" ist. Mit dem von der bürgerlichen Metaphysik verwendeten Substanzbegriff muß es eine Bewandtnis haben, die mehr einschließt als diejenigen meinen, die „Eigenschaften und Beziehungen als ... ohne Träger existierend ... anerkannt"[3] wissen wollen. Was meint „Substanz"?

1.1. Über den Sinn des Substanzbegriffs

Descartes definiert: „Unter Substanz können wir ein Ding verstehen, das so existiert, daß es zu seiner Existenz keines anderen Dinges bedarf..."[4] Unter einer Substanz wird damit in der cartesischen Metaphysik etwas verstanden, das unzerstörbar ist, das heißt in allen erscheinenden Wandlungen unverändert erhalten bleibt. Ein solches Etwas hat Descartes in der Physik selbst erkannt, nämlich den in den Stoßvorgängen erscheinenden Impuls, der durch die Bewegungsgröße gemessen wird: Für abgeschlossene Systeme gilt das Gesetz der Erhaltung des Gesamtimpulses, womit Änderungen im System als Impulsaustausch festzustellen sind. Der Substanzcharakter des Impulses erscheint methodisch in der Additivität: Die Summe der Impulse aller Teile eines Systems ist dem Gesamtimpuls des Systems gleichwertig.

1 K. Marx, Das Kapital, Bd. I., in: MEW, Bd. 23, Berlin 1958, S. 53

2 Ebenda, S. 52

3 H. Hörz, Materialismus und moderne Physik, in: Deutsche Zeitschrift für Philosophie (im folgenden: DZfPh), 1966, Sonderheft, S. 59

4 R. Descartes, Die Prinzipien der Philosophie, a. a. O., S. 17

Gottfried Wilhelm Leibniz (1646–1716), der Vollender der Metaphysik, setzt an die Stelle von Descartes' physikalischer Vorstellung der Substanz als Impuls vielmehr die Energie, für die er als erster den universellen Erhaltungssatz formuliert.[1] Es wird damit nicht das Substanzkonzept der Metaphysik überhaupt, sondern nur sein spezielles physikalisches Modell geändert. Energie (die Fähigkeit, Arbeit zu leisten) und Impuls (die Fähigkeit, Stoßvorgänge zu realisieren) sind nach wie vor die physikalischen Musterbeispiele für das, was Descartes mit dem Begriff der Substanz anvisiert hat.

Das Mißverständnis des Substanzkonzepts der Metaphysik basiert auf dem recht einfachen Umstand, daß man bei der Frage nach der Bedeutung des Terminus „Substanz" weniger an die cartesische Definition und mehr an den ursprünglichen Wortgebrauch denkt (substare = darunterstehen). Hier muß man beachten, daß die philosophische Verwendung auf einer lateinischen Übersetzung des griechischen Terminus „ousia" fußt, womit ein *selbständig bestehendes Wesen* gemeint ist. In der griechischen Alltagssprache der Antike meint „ousia" zunächst einfach den privaten Grundbesitz des Bauern, also den angestammten Grund und Boden, durch dessen Bearbeitung sich der Bauer (das sinnlich-gegenständliche Wesen) erhalten konnte. In diesem Sinne kann man „ousia" im Deutschen sehr gut durch „Anwesen" wiedergeben: In der Bearbeitung seines Anwesens verwirklicht der Bauer sein Wesen!

Um die im metaphysischen Substanzbegriff implizit enthaltene Dialektik deutlich zu machen und so zugleich das Verhältnis des metaphysischen Systemdenkens zur Dialektik anzudeuten, wollen wir zunächst das Verhältnis des Bauern zu seinem Anwesen in der Sprache Hegels ausdrücken. Es versteht sich dabei, daß wir den Bauern (ein Individuum) selbstverständlich theoretisch durch ein Gemeinwesen (eine Gattung) ersetzen können, ohne daß am Räsonnement etwas zu ändern ist. (Und in der Tat ist in der Antike die als Polis organisierte Gemeinschaft auch der Eigentümer der „ousia"!)

Betrachten wir das Produktionssystem – bestehend aus dem Bauern und seinem Anwesen als dessen gegenständliche Glieder –, so können wir in der Sprache Hegels folgende Bestimmungen angeben: Sofern wir den Bauern von seinem Anwesen unterschieden fixieren, ist er das Wesen *für sich*, während sein Anwesen in dieser Unterscheidung das Wesen *außer sich* ist. Betrachten wir nicht ihre wechselseitige Unterschiedenheit voneinander (die unter keinen Umständen als analytische Trennung gedacht werden darf), sondern umgekehrt ihre Einheit, so haben wir das Wesen als *konkretes* oder als Wesen *an und für sich* oder als *wirkliches* Wesen. In der Bearbeitung seines Anwesens entäußert der Bauer seine Arbeitsfähigkeiten, so daß sie ihm vergegenständlicht als außer ihm bestehende Beschaffenheiten seines Anwesens entgegentreten. Das kultivierte Anwesen re-

1 Vgl. P. Ruben, Mechanik und Dialektik dargestellt am Streit der Cartesianer und Leibnizianer über das wahre Maß der bewegenden Kraft, in: Mikrokosmos – Makrokosmos, Bd. 2, hrsg. v. H. Ley u. R. Löther, Berlin 1967, S. 27–35

flektiert die Bestimmtheit des Wesens für sich. In der Konsumtion der erzeugten Gebrauchswerte nimmt der Bauer seine verausgabte Arbeitsfähigkeit zurück (Rücknahme der Entäußerung), um so erneut einen weiteren Produktionszyklus realisieren zu können. Es versteht sich auf Grund genereller Erfahrung, die durch Selektion stabilisiert wird, daß dieser Prozeß der Produktion und Reproduktion nur dann auf Dauer erhalten werden kann, wenn der Bauer wenigstens ebensoviel Arbeitsfähigkeit in der Konsumtion aufnimmt wie er in der Produktion ausgegeben hat.

Die dialektisch entscheidende Pointe dieser Beschreibung besteht in der Fassung des Begriffs des *konkreten* Wesens als der Einheit des Bauern mit seinem Anwesen. (In der Philosophie Hegels erscheint diese Einheit auch unter dem Begriff der Reflexion!) Das Wesen für sich und sein Anwesen (das in der Bearbeitung zum Wesen außer sich wird) sind damit als *Momente* eines Widerspruchs im Sinne der Dialektik bestimmt: Das effektive Verhalten des Bauern zu seinem Boden ist zugleich und in demselben Zusammenhang auch Ausdruck der Beschaffenheit eben dieses Bodens; so ist es sein *und* nicht sein Verhalten (d. i. das Verhalten des Bodens).

Hegel kommt zu einer solchen Sicht, indem er sein Programm, „das Wahre nicht als *Substanz*, sondern eben so sehr als *Subjekt* aufzufassen",[1] konsequent durchführt. Die Subjektivität des Wahren, von der Hegel hier spricht, ist – rationell verstanden – die wechselseitige Aktion des Produzenten und seines Anwesens unter der Dominanz des Produzenten. Die Substantialität des Wahren besteht dagegen darin, daß in dieser wechselseitigen Aktion die Aktions*fähigkeit* – unter Voraussetzung des System*abschlusses* – erhalten bleibt (weder erzeugt noch vernichtet wird). Hegel drückt dies so aus: „... die Substanz seines Daseins ist die Sichselbstgleichheit".[2] Diese „Sichselbstgleichheit" ist schlicht der Ausdruck dafür, daß im einfachen Reproduktionssystem Ausgabe und Aufnahme von Bewegungsfähigkeit gleichwertig sind.

Wir können hier natürlich keine detailliertere Darstellung der dialektischen Begriffsbildungen vornehmen. Doch sei im Interesse der Klärung von Systemdenken und Dialektik wenigstens hervorgehoben, daß unser einfaches Modell des sein Anwesen bearbeitenden und genießenden Bauern alle Grundbestimmungen der Dialektik im Sinne des Hegelschen Konzepts enthält: So ist zum Beispiel die Übertragung von Arbeitsfähigkeit auf den Boden (also die Erzeugung von Gebrauchswerten) eine einfache dialektische Negation; die Rücknahme dieser Arbeitsfähigkeit über die Konsumtion tritt damit als Negation der Negation im Sinne der Dialektik auf. Und es ist zugleich klar, daß das Produkt der Negation der Negation, also der erneut arbeitsfähige Bauer, keineswegs mit der in diesem Prozeß vorausgesetzten Position (analytisch) identisch ist.

Der entscheidende Punkt des Übergangs von der Dialektik zum (analytischen)

1 G. W. F. Hegel, Phänomenologie des Geistes, Berlin 1964, S. 19
2 Ebenda, S. 45

Systemdenken besteht nun darin, wie man dennoch die dialektische Position mit der dialektischen Negation der Negation *vergleichbar* machen kann. Dazu betrachten wir den beschriebenen Vorgang vom Standpunkt der analytischen Methode, wie sie sowohl von der Metaphysik wie von der Aufklärung als wissenschaftliche Methode par excellence angesehen worden ist. Wie schon angedeutet, werden wir sagen können, daß der Stoffwechselprozeß des Produzenten mit seinem Anwesen offenbar als ein Austauschvorgang verstanden werden kann, in dem Arbeitsfähigkeit auf das Anwesen übertragen wird, die ihrerseits vom Wesen für sich ausgegeben und in der Konsumtion wieder aufgenommen wird. Schließt man das System gegen seine Umwelt ab, so ist klar, daß Ausgabe und Aufnahme von Arbeitsfähigkeit einander die Waage halten, daß mithin das System nur bestehen kann, wenn der Produzent mindestens ebensoviel Arbeitsfähigkeit zurückgewinnt, wie er aufgewandt hat. Hierbei ist zu beachten, daß der Schnitt zwischen dem System und seiner Umwelt praktisch beliebig gelegt werden kann; sollte also die systemtheoretisch erforderliche Unterscheidung von System und Umwelt (durch sie wird erst die Definition des Systems geleistet!) so beschaffen sein, daß sozusagen das Anwesen des Wesens für sich zu geringfügig, daß also das Wesen nicht lebensfähig ist, so erweitern wir das System derart, daß die Wechselwirkung zwischen dem so konstituierten System und seiner Umwelt wirklich vernachlässigt werden kann. (Natürlich ist in diesem Zusammenhang vom Standpunkt der Dialektik klar, daß es sich in der Tat um eine *Vernachlässigung* handelt. Wollte man sie nicht vornehmen, so verzichtete man auf lokal ausgesonderte Gegenstände für die Systemanalyse und hätte keine andere Möglichkeit, als stets vom Universum und nur von ihm zu sprechen. Aber dieses „Alleine" ist nicht experimentell analysierbar! Die Beschränkung auf die lokale Betrachtungsweise ist für die experimentelle Analyse unvermeidlich.)

Indem wir nun vermittels des Systemabschlusses die Behauptung von der Gleichwertigkeit zwischen aufgewandter und aufgenommener Arbeitsfähigkeit aufstellen können, gewinnen wir eine Äquivalenzbeziehung, die als Voraussetzung für die analytische Abstraktionsleistung fungieren kann. Mit der Realisierung der Abstraktion erklären wir, daß die vom Produzenten repräsentierte Arbeitsfähigkeit *dieselbe* ist, die auch durch die äquivalent erzeugten und konsumierten Gebrauchswerte vertreten wird. Diese Abstraktion von der Verschiedenheit der Momente des wirklichen Wesens führt auf das Wesen *an sich* bzw. das *abstrakte* Wesen. Und dieses ist es, das von der Metaphysik „Substanz" genannt wird. Die Substanz ist die Abstraktion vom konkreten Wesen, das Wesen an sich! Produzent wie kultiviertes Anwesen sind dann mit Bezug auf dieses abstrakte Wesen dessen untereinander ersetzbare Erscheinungsformen.

An dieser Stelle ist hervorzuheben, daß die Dialektik unter keinen Umständen die reale Existenz des Wesens an sich leugnet. Der Übergang vom Konkreten zum Abstrakten als Reduktion des dialektischen Widerspruchs auf die alleinige Betrachtung der *Einheit* der Gegensätze (unter Vernachlässigung ihres „Kampfes" miteinander!) ist ja keineswegs die Leugnung der objektiven Existenz der Dialektik, sondern gerade der analytische Gebrauch derselben! Erst in dem Augenblick, in dem das *Resultat* der Abstraktion als die „an sich bestehende wahre Wirklichkeit" ausgegeben wird, beginnt der Gegensatz zum Konzept der Dialektik. Und dies allerdings hat nichts mit der analytischen Methode zu tun, aber alles mit dem philosophischen Konzept der Metaphysik. Die Metaphysik, indem sie die Analytik als wissenschaftliche Methode par excellence deutet, versteht die Fixierung des Wesens an sich, der Substanz, als die Auffindung des von der Erkenntnis gesuchten *wirklichen* oder „wahren" Gegenstandes, gegen welchen die sinnlich tatsächlichen Gegenstände zu reinen Erscheinungen herabsinken. Insbesondere vergißt sie, daß die Gewinnung der Abstrakta (ohne die freilich analytisch nicht operiert werden kann!) auf der Voraussetzung von Äquivalenzen basiert, welche ihrerseits in der Realität durch Austauschprozesse gegeben sind. Damit verkehrt sie den wirklichen Zusammenhang von Vorgang und abstraktem Gegenstand: Statt letzteren aus ersterem genetisch zu erklären, proklamiert sie vielmehr umgekehrt den fixierten abstrakten Gegenstand als das „wahre Sein", welches in den sinnlich-realen untereinander austauschenden Gegenständen seine irdischen und daher a priori schlechten Kopien hat. Mit dieser Proklamation erst wird die Metaphysik zum eigentlichen Antipoden der Dialektik. Denn eben die Dialektik beharrt auf der Feststellung, daß die Abstrakta nicht „wahre Wirklichkeiten", sondern wirkliche Möglichkeiten sind, das heißt Verhaltensfähigkeiten, die mittels der Verwendung der Analytik fixiert werden. Mit dieser Entgegensetzung in der Auffassung der Ordnung zwischen dem Wirklichen und dem Möglichen sind Metaphysik und Dialektik miteinander unvereinbar. Selbstverständlich bedeutet diese Unvereinbarkeit nicht, daß im Rahmen der Dialektik etwa die Bildung der Metaphysik nicht verständlich sei (das Umgekehrte allerdings ist ausgeschlossen!): Die Deutung der Abstrakta als der „wahren Wirklichkeiten" ist Ausdruck der Weltsicht einer Klasse, deren Mitglieder das Geschäft der Wertverwertung betreiben!

Die hier skizzierte Darstellung des praktischen Sinns des Substanzkonzepts der bürgerlichen Philosophie ist natürlich nicht als Abbild des faktischen historischen Verlaufs der Ausbildung dieses Konzepts zu verstehen. Sie hat aber den Zweck, den systematischen Hintergrund zu verdeutlichen, auf dem die spezielle geschichtliche Bewegung philosophisch verständlich wird.

1.2. Die Metaphysik über den Substanzbegriff

Descartes geht nicht von der Arbeitsfähigkeit überhaupt aus, sondern von einer ihrer speziellen Äußerungen, vom Denken. Er begründet dies damit, daß der in dieser Welt von allerlei äußeren Einflüssen determinierte Einzelmensch wenigstens hinsichtlich seines Bewußtseins absolute Autonomie besitze (und in der Tat ist ja die Arbeitsfähigkeit kapitalistisch „doppelt frei"). Die für die Bildung des Substanzbegriffs so entscheidende Erhaltung der Arbeitsfähigkeit macht sich

Descartes dadurch plausibel, daß er selbst im absoluten Zweifel eine Bewußtseinsäußerung erkennt, noch im Betrug die Existenz des Denkens. Das Bewußtsein ist daher unzerstörbar, erhält sich selbst im Erzeugen wertloser Produkte und bildet folglich eine Substanz. Da es (analytisch) unteilbar ist und auch keine sonstige Eigenschaft besitzt, die es mit den Körpern gemein hätte, so ist das Bewußtsein (res cogitans) der duale Gegensatz zum Körper (res extensa). Res cogitans und res extensa verhalten sich zueinander wie Gegenwerte. Ihre Einheit vorzustellen, ist in der cartesischen Metaphysik das Geschäft Gottes. Gott vereinigt in sich die dualen Gegensätze und entläßt sie aus sich durch seine Schöpfung. Er ist daher die Inkarnation des Widerspruchs der Werte.

Es versteht sich, daß Descartes die res cogitans in bürgerlicher Vorstellung entwickelt: Sie äußert sich 1. in der Erzeugung „klarer und deutlicher" Grundsätze sowie 2. in der Deduktion weiterer Theoreme aus den intuitiv erfaßten Axiomen. Das Modell der „klaren und deutlichen" Grundsätze sind dabei die arithmetischen und geometrischen Urteile, also Sätze der Wertvergleichung. Damit ist die realistische Metaphysik Descartes' unmißverständlich Ausdruck *bürgerlich* philosophischen Bewußtseins.

Man darf sich bei der Beurteilung der genetischen Voraussetzung der Aufklärung nicht durch das religiöse Gewand der Metaphysik täuschen lassen. Die religiöse Draperie wird aufgezogen, weil der Untergang der feudalen Ideologie des Katholizismus nur dadurch realisierbar wird, wenn dieser die „wahre Religion" des Protestantismus entgegentritt, wenn also aus *einer* alles beherrschenden Religion *viele* miteinander konkurrierende Religionen erwachsen. Dabei ist selbstredend die Konkurrenz der vielen Religionen nichts als ein ideologischer Reflex der Konkurrenz der vielen nationalen Handelskapitalien (deren Epoche, wie Marx erkennt, mit dem Abfall der Niederlande von Spanien 1581 beginnt). Daß unter diesen Umständen die klassische bürgerliche Philosophie als *Metaphysik* und daher in religiöser Draperie auftritt, ist nunmehr selbstverständlich. Sie demonstriert ihre antifeudale Orientierung, indem sie die religiöse Offenbarung entweder ignoriert (wie in der nominalistischen Variante Hobbes') oder den Kriterien der rationalen Vernunft unterwirft (wie in der realistischen Variante Descartes', Spinozas und Leibnizens). Die irdischen Verteidiger der Religion haben dies auch sehr gut begriffen – wie man am Schicksal des Spinoza anschaulich wahrnehmen kann.

Da die Aufklärung wesentlich über die Rezeption der englischen Philosophie nach der „Glorious Revolution" erfolgt, so müssen wir noch kurz auf Hobbes' Kritik der realistischen Metaphysik hinweisen. Diese Kritik wird puritanisch fundiert und gipfelt daher in der Forderung, daß man sich von Gott kein Bild machen solle (eben dieses Bild führt Descartes ja mit der Substanz vor).[1] Man

1 In seinem Einwand gegen die dritte Meditation Descartes' notiert Hobbes, daß uns „ja auch verboten" werde, „Gott unter einem bestimmten Bilde anzubeten, damit wir nicht den Anschein haben, den, der unvorstellbar ist, uns vorzustellen". (Vgl. R. Descartes, Meditationen. Mit sämtlichen Einwänden und Erwiderungen, Berlin 1965, S. 163)

kann in säkularisierter Terminologie auch sagen, daß Hobbes den Realisten anlastet, sie wollten das Wesen der Welt rein, ohne empirischen Bei- oder Versatz, ohne Rückgriff auf die augenscheinliche Praxis des Lebens bestimmen – was doch, puritanisch gesehen, unstatthaft sei. Vielmehr müsse man davon ausgehen, daß Gott unfaßlich ist, daß es von ihm keine Idee gibt. Man beachte in diesem Zusammenhang, daß Hobbes im englischen Bürgerkrieg die Partei der Restauration ergriffen hat. Man würde ihn also völlig mißverstehen, wollte man meinen, mit der angezeigten Attacke hätte Hobbes bereits das Banner der Aufklärung erhoben. Ebenso aber mißverstände man ihn, würde man diesen Angriff auf Descartes als Ausdruck der feudalen Reaktion deuten. In Wahrheit ergreift er die Partei des absolutistischen Despoten gegen das Parlament, weil er die Einheit der Interessen des nationalen Handelskapitals nur durch die gemeinsame Delegierung der politischen Macht an den Fürsten gewährleistet sieht.

Gegen die cartesische Substanzvorstellung führt Hobbes das klassische nominalistische Argument an, sie könne nur als durch die Vernunft erschlossen gelten, sei also in Wahrheit nicht Ausdruck von etwas objektiv Realem, „Substanz" mithin ein bloßer Name, von dem man rechtens unfähig sei zu sagen, was er eigentlich bezeichne. Hobbes benutzt daher auch den Terminus „Substanz" nicht, sondern spricht lieber vom „Subjekt" oder vom „Körper". Er erklärt, daß das Denken ein Verhalten sei, das heißt die Äußerung eines Dinges, nicht aber selbst ein Ding; „so ist auf alle Fälle ein Denken des Denkens ... unmöglich".[1] Gegen Descartes' Verdinglichung des Denkens protestiert also Hobbes mit der Feststellung, daß jedes Verhalten, natürlich auch das Denken, eben kein Ding sei, sondern vielmehr von einem Ding, von einem Subjekt geäußert werde.

Steht man nun auf dem Standpunkt, daß die einzig wirklichen Gegenstände die sogenannten „konkreten Einzeldinge" seien, so ist der Gesichtspunkt, den Hobbes in die Debatte der Metaphysik einführt, unaufhebbar und schlagend. Geht man jedoch dazu über, im einfachen Sinn des Systembegriffs schon ein (geordnetes) *Paar* von Gegenständen (zum Beispiel unseren oben genannten Bauern und sein Anwesen) als *einen* bestimmbaren Gegenstand anzunehmen, so ist Hobbes' Argument aufhebbar. In diesem Augenblick ist die Verdinglichung des Verhaltens ausführbar – nämlich dadurch, daß die realisierte Verhaltensfähigkeit im erzeugten Objekt repräsentiert wird und damit eben gegen dieses Objekt austauschbar ist. (Das Auftreten der Arbeitskraft als Ware ist die ökonomische Realisation dieses Umstands!)

Wie kommt es, daß Descartes einerseits sein Substanzkonzept nicht plausibel einführen kann und Hobbes andererseits die objektive Realität der Substanz schlicht bestreitet? Wie also kommt der charakteristische metaphysische Gegensatz zwischen dem Realismus und dem Nominalismus zustande? Unter Voraussetzung der Erkenntnisse des historischen Materialismus ist darauf folgende Ant-

1 Hobbes' Einwand zur zweiten Meditation Descartes', in: Th. Hobbes, Lehre vom Körper, Leipzig 1948, S. 165

wort zu geben: Das bürgerliche Bewußtsein ist auf Grund seiner Gebundenheit an die Existenz und Verteidigung des *Privat*eigentums im kapitalistischen Sinne außerstande, das konkrete Wesen der menschlichen Gattung zu *sehen*. Weil nämlich die Gattung (das Gemeinwesen) kein Gemeineigentum hat, also kein gemeinschaftliches Anwesen im weiter oben dargestellten Sinne, so ist der wirkliche Austauschprozeß, der den cartesischen Substanzbegriff legitimiert, nicht wahrnehmbar. Denn das Privateigentum ist in kapitalistischer Realisation ja eben nichts anderes als das Produkt der wirklichen Vernichtung des Gemeineigentums! Dieser Umstand führt dazu, daß die menschliche Gesellschaft vom bürgerlichen Bewußtsein theoretisch stets als ein Verein untereinander austauschender Individuen gesehen wird, aber niemals als ein System, in dem neben den Menschen außerdem die *Arbeitsgegenstände und -mittel* als *Systemelemente* eingeschlossen sind. Würde dies getan, wären die Eigentumsverhältnisse ersichtlich Basis des sozialen Zusammenhangs und der Mangel am Gemeinwesen als Mangel am Gemeineigentum wahrnehmbar. Indem man aber die Arbeitsmittel und -gegenstände (die ja keine Menschen sind!) nicht als Elemente von Gesellschaftssystemen betrachtet und damit die metaphysische Trennung der Menschen von der Natur voraussetzt, wird 1. das Privateigentum als „natürlich" suggeriert und 2. der Marsch in die Metaphysik und damit in den Gegensatz von Nominalismus und Realismus unweigerlich vollzogen. Denn jetzt ist die menschliche Gattung nicht mehr real als Gemeinwesen, sondern nur mehr ideal im Geld vorausgesetzt. Und vom als allein wirklich unterstellten *Einzel*menschen gelangt man entweder gar nicht zur Substanz, d. h. zur Abstraktion des Gemeinwesens, oder aber nur durch einen mystischen Akt der Intuition (nahegelegt durch die materielle Realisation des idealen Gattungswesens im Geld).

Wir bemerken noch, daß Hobbes an die Stelle des metaphysischen Substanzkonzepts das nicht weniger metaphysische Kausalitätskonzept setzt: „Philosophie ist die rationelle Erkenntnis der Wirkungen . . . aus ihren bekannten Ursachen . . . und umgekehrt der möglichen erzeugenden Gründe aus den bekannten Wirkungen."[1] Damit wird die reflexive Äquivalenz- durch die irreflexive Ordnungsbeziehung ersetzt, womit nicht die Gleichheit, sondern die Verschiedenheit der Naturgegenstände den Ausgangspunkt der Betrachtung bildet und die Annahme der Individualität als der allein herrschenden kategorialen Bestimmtheit in der Wirklichkeit gerechtfertigt scheint. Dies wird nominalistisch auch so ausgedrückt, daß es in der Wirklichkeit nur sogenannte „konkrete Einzeldinge" geben soll, aber keine „Universalien", das heißt keine „überindividuellen" Subjekte, keine Kollektive, keine Populationen, keine Arten etc., also keine Systeme im Sinne der realistischen Metaphysik.

Die tatsächlich metaphysische Natur des Hobbesschen Kausalitätskonzepts erkennt man sofort, wenn man beachtet, daß Hobbes „rationelle Erkenntnis" mit „Rechnen" gleichsetzt: Damit ist klar, daß die von ihm unterstellten „kon-

1 Th. Hobbes, Lehre vom Körper, a. a. O., S. 6

kreten Einzeldinge" gar nichts anderes als Wertrepräsentanten sein können. Werte aber für Konkreta zu halten, das ist der Inbegriff aller Metaphysik überhaupt!

Wie bekannt, verläuft die Entwicklung der Metaphysik so, daß Baruch Spinoza (1632–1677) den cartesischen Dualismus zum Monismus aufhebt, der als Pantheismus der gesetzte Materialismus ist: „Gott" und „Natur" werden zu wesentlich gleichbedeutenden Termini, die die eine Substanz, das heißt das abstrakte Wesen der objektiven Realität, bezeichnen. Mit Spinoza wird das immanente irreligiöse Wesen der Metaphysik offensichtlich. Leibniz schließlich ersetzt die eine Substanz durch die prästabilierte Harmonie der vielen Substanzen, die als Monaden nichts anderes als die idealistisch gefaßten Atome sind. Dabei vollzieht er den für die Aufklärung entscheidenden Übergang von der rein geometrisch bestimmten Substanzdeutung Descartes' zur dynamischen Deutung, nach der die Substanzen Kräfte zu realisieren imstande sind. Statt Raumanteile zu repräsentieren, haben die Substanzen nunmehr den Sinn, Energien zu vertreten (die Leibniz „lebendige Kräfte" nennt). Diesen Entwicklungsgang der Metaphysik können wir hier jedoch nicht weiter verfolgen.

1.3. Die Aufklärung über den Substanzbegriff

Welches Schicksal erleidet nun die Substanzkonzeption in der Aufklärung? Indem die französische Aufklärung die vollständige Entgegensetzung zur Ideologie des ancien régime realisiert und damit die politische Emanzipation der Bourgeoisie auf der Grundlage der Durchsetzung des kapitalistischen Privateigentums am Grund und Boden sowie der industriellen Revolution vorbereitet, gewinnt sie am englischen Modell ihren Ausgangspunkt. Das bedeutet insbesondere, daß mit der Übernahme des Denkens von Newton und Locke das Substanzkonzept in objektiv-realer Bedeutung aufgegeben wird, um als Problem der Erkenntnisleistung gestellt zu werden. John Locke (1632–1704) hat bekanntlich den cartesischen Dualismus erkenntnistheoretisch gewendet, also in dem von ihm behaupteten Gegensatz zwischen sensations und reflexions aufgehoben. In diesem Sinne wendet er auf der Basis der Rezeption Hobbes' und mit entwickeltem Sinn für die reale Geschichte gegen Descartes sogleich ein, daß dieser ungeachtet seines methodischen Zweifels einen bestimmten Gott im Auge hat (nämlich den christlichen). Der Aktionär der New Royal African Company, die kräftig am Sklavenhandel verdient, besitzt die Erfahrung eines Handelsvolkes: „Haben nicht ... die Seefahrer in neueren Zeiten ganze Völker entdeckt – in der Bucht von Soldania, in Brasilien, ... auf den Karibischen Inseln usw. – bei denen sich kein Begriff eines Gottes, keine Religion fand?"[1] Und überhaupt kann man auf Grund der kritischen Analyse des Verstandes nie behaupten, daß Substanzen irgendwelcher Art *wahrgenommen* werden, sondern stets nur *Qualitäten*! Das bedeutet:

1 J. Locke, Über den menschlichen Verstand, Bd. I, Berlin 1962, S. 84

wenn auch immerhin Substanzen existieren mögen, so sind sie doch im eigentlichen Sinne unbegreiflich, weil sie nicht Gegenstand einer empirisch fundierten Prädikation sein können. Sätze wie „die Substanz ist ausgedehnt", „die Substanz denkt" sind mithin bedeutungslos.

Dieser aufklärerische Ansatz wird von D. Hume (1711–1776) konsequent durchgeführt, indem er – mit Berkeley – die Existenz einer Substanz ebenfalls bestreitet und die charakteristische Frage stellt, wieso das Denken überhaupt zur Vorstellung einer Substanz greife. Da äußere Sinneseindrücke hierfür nicht verantwortlich gemacht werden können, so kann man keinen anderen Schluß ziehen als den, daß die Kategorie der Substanz ein Produkt der „inneren" Wahrnehmung sei: „Da uns . . . äußere Gegenstände . . . keine Vorstellung von Kraft . . . bieten, so wollen wir zusehen, ob diese Vorstellung durch Selbstbesinnung auf Tätigkeiten unseres eigenen Geistes gewonnen werden und einem inneren Eindruck nachgebildet sein könne. Es ließe sich behaupten, daß wir jeden Augenblick uns einer inneren Kraft bewußt sind . . . Ein Willensakt erzeugt Bewegung unserer Gliedmaßen oder läßt eine neue Vorstellung in unserer Einbildung aufsteigen. Diesen Einfluß des Willens kennen wir durch unser Bewußtsein. Daher gewinnen wir die Vorstellung der Kraft oder Energie und die Gewißheit, daß wir selbst und alle vernünftigen Wesen mit Kraft begabt sind. Diese Vorstellung ist also eine Vorstellung der Selbstbesinnung . . ."[1]

Mit dieser Auffassung ist repräsentativ die Grundorientierung der Aufklärung gegenüber den von der Metaphysik vorgestellten philosophischen Kategorien ausgesprochen: Da unter Annahme des sensualistischen Konzepts der Erkenntnistheorie Lockes für diese Kategorien keine wahrnehmbaren realen Entsprechungen aufweisbar sind, so müssen sie als „Vorstellungen der Selbstbesinnung" aufgefaßt werden, als Ausdrücke der Tätigkeit des Verstandes. Genau in dieser Orientierung entwickelt dann auch Immanuel Kant (1724–1804) seine „Kritik der reinen Vernunft" als die Vollendung und gesetzte Aufhebung der Aufklärung.

In der französischen Aufklärung wird die sensualistische oder empirische Orientierung der Erkenntnis im Sinne Lockes und unter Hinweis auf die überlegene Leistungsfähigkeit der Physik Newtons durchgesetzt. „Die einzig richtige Art, in der Physik Philosophie zu treiben", sagt d'Alembert (1717–1783), „ist die Anwendung der mathematischen Analyse auf das Experiment oder auch die Beobachtung allein, welche vom methodischen Geist erhellt und gelegentlich durch Mutmaßungen unterstützt wird, wenn diese neue Ausblicke eröffnen können, sich aber von jeder willkürlichen Hypothese streng fernzuhalten hat."[2] Denis Diderot (1713–1784) erklärt: „Wir haben zwei Arten der Philosophie . . .: experimentelle und rationale Philosophie . . . Die experimentelle Philosophie weiß nicht, was bei ihrer Arbeit herauskommen wird, noch was dabei nicht herauskommen

1 D. Hume, Eine Untersuchung über den menschlichen Verstand, Leipzig 1948, S. 78f.
2 D'Alembert, Einleitende Abhandlung zur Enzyklopädie (1751), Berlin 1958, S. 30

wird; aber sie arbeitet unablässig. Die rationale Philosophie dagegen erwägt die Möglichkeiten, entscheidet und hält plötzlich inne. Sie behauptet kühn: ‚Man kann das Licht nicht zerlegen.' Die experimentelle Philosophie hört zu und schweigt ihr gegenüber jahrhundertelang; dann zeigt sie ihr plötzlich das Prisma und sagt: ‚Das Licht ist zerlegbar.'"[1] Unschwer erkennt man in der „rationalen Philosophie" die cartesische Metaphysik, in der „experimentellen Philosophie" die Weltanschauung der Aufklärung. Voltaire (1694–1778) stellt im gleichen Sinne fest: „Noch wird Descartes zuweilen von Ignoranten gepriesen, und selbst jene Art von Eigenliebe, die man Nationalstolz nennt, hat sich bemüht, seine Philosophie zu stützen. Leute, die niemals Descartes oder Newton gelesen haben, behaupten, Newton verdanke ihm alle seine Entdeckungen. Aber es ist ganz sicher, daß es in allen Luftschlössern Descartes' nicht einen Stein gibt, auf dem Newton aufgebaut hätte. Er hat sich nie an ihn gehalten, ihn weder erläutert noch widerlegt; er hat ihn kaum gekannt. Eines Tages wollte er einen Band von ihm lesen; nachdem er auf sieben oder acht Seiten ‚error' an den Rand geschrieben hatte, las er ihn nie wieder."[2]

Es versteht sich, daß mit dieser Orientierung der Aufklärung das cartesische Substanzproblem einfach verschwindet bzw. als die Frage auftritt, wie der Verstand zum Gebrauch der Substanzkategorie gelangt, da doch in der empirischen Erfahrung eine entsprechende Bedeutung (vom Standpunkt des Sensualismus) nicht aufweisbar ist. Erst die klassische deutsche Philosophie, in der die „*Metaphysik* des 17. Jahrhundert ... ihre *siegreiche und gehaltvolle Restauration*"[3] erlebte, hat die Kategorie der Substanz wieder in das philosophische Begriffssystem eingebracht. Wenn man die Frage zu beantworten hat, warum die Liquidation des Substanzkonzepts der Metaphysik durch die Aufklärung erfolgt ist, so läßt sich zunächst erkenntnistheoretisch sehr einfach ins Feld führen: Sobald die sensualistische Position in Verbindung mit der Auffassung der Individuen als der (angeblich) einzig wirklichen Träger des Denkens vorausgesetzt wird, ist die Bedingung für das Denken der Substanz beseitigt! Denn in diesem Augenblick können Gattungen (Gemeinwesen) nur mehr als durch das abstrahierende Denken bestimmte Objekte auftreten, die sich auf willkürlich gebildete empirische Kollektionen beziehen. Von objektiv-realen Gattungen kann keine Rede mehr sein.

Sehr klar artikuliert Helvétius (1715–1771) diesen Standpunkt: „Man hat von jeher abwechselnd behauptet, die Materie empfinde und sie empfinde nicht ... Erst sehr spät ist man auf den Gedanken gekommen, sich zu fragen, worüber man streitet, und eine präzise Idee mit dem Wort ‚Materie' zu verbinden. Wenn man von vornherein seine Bedeutung festgelegt hätte, so hätte man er-

1 D. Diderot, Gedanken zur Interpretation der Natur, in: Philosophische Schriften, Bd. 1, Berlin 1961, S. 430f.

2 Voltaire, Philosophisches Wörterbuch (Auswahl), Leipzig 1963, S. 159f.

3 F. Engels/K. Marx, Die heilige Familie, in: MEW, Bd. 2, Berlin 1974, S. 132

kannt, daß die Menschen, wenn ich so sagen darf, Schöpfer der Materie sind, daß die Materie kein Ding ist, sondern daß es in der Natur nur Einzeldinge gibt, die man als Körper bezeichnet, und daß man unter dem Wort ‚Materie' nur den Inbegriff der Eigentümlichkeiten verstehen kann, die allen Körpern gemeinsam sind."[1] Die Proklamation, „daß es in der Natur nur Einzeldinge gibt", wird von der bürgerlichen Aufklärung durchweg als Selbstverständlichkeit behandelt – und von Rousseau (1712–1778) mit der Konzeption des Allgemeinwillens durchbrochen.

Wenngleich das durch das Substanzkonzept bestimmte metaphysische Systemdenken in der Aufklärung mit dem Verschwinden der Substanzauffassung selbst aufgehoben wird, so wird es eben nicht vernichtet. Die Aufklärung bringt vielmehr als neues Element das unmittelbare Verhältnis des arbeitenden Menschen zu seinen natürlichen Umweltbedingungen zur Sprache. Darin wird der Mensch als Subjekt mit Bedürfnissen und die Natur als ein Reservoir von Gegenständen zur Befriedigung dieser Bedürfnisse vorgestellt. Dies bedeutet, daß die Aufklärung mit der praktischen Liquidation der Dominanz des Handelskapitals über das Industriekapital, wie sie im 18. Jahrhundert erfolgt, auch theoretisch den Blick auf die Rolle der Arbeit für die Herausbildung der Zivilisation und Kultur richtet. Zwar bleibt in der Aufklärung die Einheit von Mensch und natürlicher Umwelt in der Arbeit ein für das Denken durchaus äußerliches Verhältnis. Nichtsdestoweniger ist es eben die Aufklärung gewesen, die dieses Verhältnis überhaupt als legitimen Gegenstand des philosophischen Erkennens statuiert hat. Damit aber hat sie auch die Basis für die in der klassischen bürgerlichen deutschen Philosophie erfolgte Wendung des Denkens gelegt. Denn diese Wendung besteht eben darin, die Produktion als den Grund der Existenz anzunehmen.

2. Der Systembegriff in der cartesischen Metaphysik

Wir wollen nun die literarischen Ausdrücke der Entwicklung des Systemdenkens verfolgen, wie sie zunächst in der cartesischen Metaphysik auftreten. Man kann das Systemdenken in der französischen Aufklärung ohne diese Voraussetzung nicht hinreichend verstehen. Wenn etwa die Frühaufklärung Descartes' Positionen auch im einzelnen einer oft unnachsichtigen Kritik unterwirft, bleibt ihr doch stets bewußt, daß Descartes' philosophischer Neubeginn erst die Voraussetzungen für ihre eigene Denkweise geschaffen hat. Und selbst in der Hochaufklärung bleibt das cartesianische Erbe, das „klare und deutliche", scharfe analytische Denken ungeschmälert erhalten.

1 C.-A. Helvétius, Vom Geist, Berlin/Weimar 1973, S. 96

2.1. René Descartes

Descartes selbst bezeichnete seine Philosophie niemals als System. Das Wort *système* taucht in seinem Werk nicht auf (abgesehen von einer einzigen Stelle, wo es innerhalb eines Titels vorkommt). Diese Tatsache wirkt aus heutiger Sicht zunächst befremdend, denn wir sind es gewöhnt, Descartes' Philosophie als System zu bezeichnen. Diese Gewohnheit nimmt bereits im letzten Drittel des 17. Jahrhunderts ihren Anfang – auf diesen Zusammenhang wird noch zurückzukommen sein – und hat sich in der Aufklärung fest eingebürgert. Zunächst sei für Descartes' Zeit festgehalten, daß *système* auf „Weltsystem" im astronomischen Sinn festgelegt zu sein schien. Was aber für Descartes viel wichtiger ist: Ihn interessiert nicht, ob das Resultat seines Denkens die Gestalt dessen annahm, was wir heute ein System nennen, oder nicht; er gerät deshalb auch nicht in die Verlegenheit, nach einem Terminus zu suchen, der den Systemcharakter seiner Philosophie zum Ausdruck brächte; es kommt ihm einzig auf den Weg an, den er beschreiten muß, um ein brauchbares Denkergebnis zu erzielen. Diesen aber bezeichnet er als *méthode*. Man denke nur an den Titel seiner berühmtesten Schrift „Discours de la méthode".

Descartes' universelle Methode besteht aus zwei Elementen, der *Intuition* und der *Deduktion*.

Mit diesen beiden „Operationen des Verstandes", die allein deshalb unfehlbar sind, weil sie sich auf das „Licht der Vernunft" verlassen[1], sind die Grundlagen für Descartes' System gelegt. Durch die Intuition werden nämlich die evidenten „*ersten* Prinzipien"[2] gewonnen, von denen dann alles weitere abgeleitet wird: „Zuallererst habe ich versucht, ganz allgemein die Prinzipien oder ersten Ursachen all dessen aufzufinden, was auf der Welt ist oder auch sein kann, ohne zu diesem Zweck etwas anderes in Betracht zu ziehen als Gott selbst, der sie schuf, oder sie woanders herzunehmen als aus gewissen Samen der Wahrheit, die von Natur aus in unserer Seele sind. Danach habe ich untersucht, welches die ersten und gewöhnlichsten Wirkungen sind, die man aus diesen Ursachen ableiten konnte."[3]

Die Prinzipien müssen zwei Bedingungen erfüllen, um zum „höchsten Grad der Weisheit" zu führen, sie müssen nämlich 1. „so klar und so evident sein, daß der

1 R. Descartes, Règles pour la direction de l'esprit, in: Œuvres et lettres, Paris 1937, S. 15. – Siehe dt.: R. Descartes, Regeln zur Ausrichtung der Erkenntniskraft, Berlin 1972, S. 14

2 Ebenda, S. 13. – Siehe dt.: Ebenda, S. 12

3 R. Descartes, Discours de la méthode, in: Œuvres et lettres, S. 135f.: « premièrement, j'ai tâché de trouver en général les principes ou premières causes de tout ce qui est ou qui peut être dans le monde, sans rien considérer pour cet effet que Dieu seul qui l'a créé, ni les tirer d'ailleurs que de certaines semences de vérité qui sont naturellement dans nos âmes. Après cela, j'ai examiné quels étaient les premiers et les plus ordinaires effets qu'on pouvait déduire de ces causes. » – Siehe dt.: R. Descartes, Abhandlung über die Methode, in: Philosophische Werke, hrsg. v. A. Buchenau, Bd. 1, Leipzig 1922, S. 53

menschliche Geist an ihrer Wahrheit nicht zweifeln kann . . .; und 2. muß von ihnen die Kenntnis der anderen Dinge abhängig sein".[1]

Descartes' Meinung nach werden die in seiner Schrift „Principes de la philosophie" aufgeführten Prinzipien diesen Anforderungen gerecht. Getreu seinem Grundsatz, auf der Suche nach gültigen Prinzipien alles zu verwerfen, was den geringsten Zweifel zuläßt, gelangt er zu seinem allerersten Prinzip (das man auf die Formel bringen kann „ich zweifle, also bin ich") und leitet daraus die weiteren ab, zunächst die der Metaphysik („Gott ist der Schöpfer alles dessen, was auf der Welt existiert"), dann, darauf aufbauend, die der Physik.

Die Prinzipien werden zwar a posteriori auf ihre Brauchbarkeit mit Hilfe der Induktion überprüft; das führt jedoch lediglich zu ihrer Bestätigung, niemals zu ihrer Preisgabe. So entsteht also das, was die Aufklärer als cartesianisches System befehden, und sie greifen es gerade deshalb an, weil es seinem Wesen nach idealistisch ist, denn wie gezeigt wurde, führen die Prinzipien als Ausgangspunkt für alle weiteren Deduktionen zu einem Gedankengebäude, in das die Phänomene der Realität im nachhinein eingebaut werden. Eine solche Verfahrensweise kritisiert Engels mit den Worten: „. . . die *Prinzipien* sind nicht der Ausgangspunkt der Untersuchung, sondern ihr Endergebnis; sie werden nicht auf Natur und Menschengeschichte angewandt, sondern aus ihnen abstrahiert; nicht die Natur und das Reich des Menschen richten sich nach den Prinzipien, sondern die Prinzipien sind nur insoweit richtig, als sie mit Natur und Geschichte stimmen. Das ist die einzige materialistische Auffassung der Sache, und die entgegenstehende . . . ist idealistisch, stellt die Sache vollständig auf den Kopf und konstruiert die wirkliche Welt aus dem Gedanken . . ."[2]

Die aufklärerische Kritik am cartesianischen Systembegriff läuft genau auf die Kritik seines idealistischen Charakters hinaus. (Damit soll keineswegs der Eindruck entstehen, Descartes' gesamte Philosophie sei idealistisch zu nennen. Es gibt bei ihm mindestens ebenso starke Tendenzen zum Materialismus.) Ein Zitat aus der Enzyklopädie (Artikel „Philosophie") sei hier vorweggenommen: „. . . mit systematischem Geist . . . bezeichne ich denjenigen, der vom Universum Pläne konstruiert und Systeme errichtet, denen er im nachhinein mehr oder minder gewaltsam die Phänomene anpassen will."[3] Die Aufklärer suchten deshalb nach sicheren Wegen, um zu brauchbaren ersten Prinzipien zu gelangen, und

1 R. Descartes, Les principes de la philosophie, in: Œuvres et lettres, S. 419f.: « l'une, qu'ils soient si clairs et si évidents que l'esprit humain ne puisse douter de leur vérité . . .; l'autre, que ce soit d'eux que dépende la connaissance des autres choses . . . » — Siehe dt.: R. Descartes, Die Prinzipien der Philosophie, a. a. O., S. XXXII

2 F. Engels, Anti-Dühring, in: MEW, Bd. 20, Berlin 1973, S. 33

3 Vgl. „Philosophie", in: Encyclopédie ou Dictionnaire raisonné des sciences, des arts et des métiers: « par esprit systématique . . . je désigne celui qui bâtit des plans et forme des systèmes de l'univers, auxquels il veut ensuite ajuster, de gré ou de force, les phénomènes. » — Siehe dt.: „Philosophie", in: Artikel aus der von Diderot und d'Alembert herausgegebenen Enzyklopädie, Leipzig 1972, S. 866

fanden sie dank einer Erkenntnisauffassung, die in der empirischen Anwendung der analytischen Methode kulminierte. Die Prinzipien haben einen ganz entscheidenden Stellenwert in der Systemdiskussion der Aufklärung. Sie sind der Begriff, der nach *système* selbst im Mittelpunkt des Interesses steht. Von der Art der gewählten Prinzipien hängt die Brauchbarkeit eines Systems in erster Linie ab. Sind sie falsch, ist auch das aus ihnen abgeleitete System falsch. Deshalb konzentriert sich Condillac in seinem „Traité des systèmes" vor allem darauf, die Prinzipien der metaphysischen Systeme anzugreifen, um die Systeme selbst tödlich zu treffen.

Bereits im 17. Jahrhundert wurde Descartes' Philosophie als *système* bezeichnet, zum Beispiel von Malebranche.[1]
Weshalb sich *système* als Bezeichnung für Descartes' Philosophie eingebürgert hat, hängt damit zusammen, daß in ihr die Himmelsmechanik einen zentralen Platz einnahm. Für astronomische Theorien war der Terminus *système* schon im Lateinischen gängig. Ende des 17. Jahrhunderts hat er sich auch im Französischen durchgesetzt. So lag es nahe, „système" nicht nur auf Descartes' astronomische Theorien zu beziehen, sondern auf die Gesamtheit seiner Lehre auszudehnen, zumal Descartes den ganzheitlichen Charakter seiner Philosophie (die ja im Verständnis der Zeit die „Physik", also die Naturlehre, in sich schloß) in den „Principes de la philosophie" betont.[2]

Um die Einheitlichkeit und Geschlossenheit einer Lehre zu unterstreichen, war der Terminus „System" in der protestantischen deutschen Theologie schon seit dem ausgehenden 16. Jahrhundert verwendet worden. Mit diesem Akzent fand er auch Eingang in andere Wissensbereiche. Der Cartesianer Régis bezieht ihn 1690 in demselben Sinn auf die Philosophie.

So war also der Systembegriff von seiner Geschichte und seinem Entwicklungsstand Ende des 17. Jahrhunderts her geeignet, wesentliche Seiten der cartesischen Lehre zu erfassen. Im 18. Jahrhundert setzt er sich auf breiter Ebene durch, um Descartes' Denken und das seiner Schule zu charakterisieren. Dabei verändert er, wie zu zeigen sein wird, sein Gesicht.

2.2. Das Systemdenken der cartesianischen Schule

Das Systemdenken der cartesianischen Schule läßt sich im allgemeinen als ein aus metaphysischen ersten Prinzipien deduzierendes Systemdenken bestimmen und ihr Systembegriff analog als ein auf der Grundlage von metaphysischen ersten Prinzipien durch Deduktion gewonnener philosophischer Gesamtzusammenhang. Wie die cartesianische Philosophie jedoch nach dem Tode ihres Begründers (1650) bei aller prinzipiellen Übereinstimmung kein einheitliches Gesicht

1 Vgl. N. de Malebranche, De la recherche de la vérité, I, in: Œuvres de Malebranche, Bd. 3, Paris 1871, S. 153

2 R. Descartes, Les principes de la philosophie, S. 427f., 429f. — Siehe dt.: R. Descartes, Die Prinzipien der Philosophie, a. a. O., S. XLI f., XLIII f.

zeigt,[1] sind auch in der Systemauffassung der Cartesianer Unterschiede feststellbar. Diese Differenzen sind vor allem darauf zurückzuführen, daß sich der Cartesianismus in beständigen Auseinandersetzungen behaupten mußte, sich erst einmal gegenüber der traditionellen scholastischen Philosophie durchsetzen und fast gleichzeitig auf die Einwände von seiten mehr oder minder fortschrittlicher philosophischer Richtungen reagieren mußte. Dabei geschah es nicht selten, daß sich Cartesianer von Argumenten ihrer Gegner überzeugen ließen und sie sich zu eigen machten.

So übte der *Empirismus* auf einige unter ihnen eine starke Anziehungskraft aus, denn Descartes' Unterschätzung der Bedeutung der Sinne im Erkenntnisprozeß wurde immer offenkundiger, weil ihr alle Erfahrungen widersprachen – persönliche Erfahrungen des einzelnen und gesellschaftliche Erfahrungen im Produktionsprozeß. Der Empirismus lebte in Frankreich in der 2. Hälfte des 17. Jahrhunderts als Vermächtnis Bacons, vor allem aber als Gassendismus weiter und beeinflußte Cartesianer wie Desgabets oder Régis.

Eine andere Denkrichtung, die die cartesianische Schule drängte, immer wieder ihre Grundlagen zu überprüfen, war die *skeptische Philosophie*. Sie hatte im 16. Jahrhundert mit Montaigne und Charron in Frankreich große Bedeutung erlangt und war auch in der 2. Hälfte des 17. Jahrhunderts in verschiedenen Spielarten lebendig. Skeptiker wie der Abbé Foucher zwangen den Cartesianern eine Diskussion um deren erste Prinzipien auf, also um die Basis ihres Systemdenkens, und forderten sie heraus, die Evidenz ihrer Prinzipien eindeutig zu beweisen. Auch diese Zweifel an den Grundlagen ihrer Philosophie führten die Cartesianer dazu, ihre ersten Prinzipien und damit ihre Systeme in verschiedenen Richtungen zu modifizieren. Das trug dazu bei, der Gefahr zu begegnen, daß Systemdenken zu Schemadenken erstarrte.

Noch ein anderer Umstand zwang den Cartesianismus, ständig neue Erkenntnisse zu verarbeiten. Die *Entwicklung der Naturwissenschaft* war seit der Ausarbeitung von Descartes' Physik nicht stehengeblieben. Im Gegenteil: Descartes' mathematische Methode erwies sich also so fruchtbar, daß seine Schüler auf die Fragen, die von der gesellschaftlichen Produktion an die Naturwissenschaft gestellt wurden, neue Antworten fanden. Die Produktivkraft Wissenschaft wurde vor allem in der Ära Colbert staatlicherseits sehr gefördert, um die Rentabilität der Manufakturen zu erhöhen und damit die Wirtschaft weiter anzukurbeln. Experimente und Beobachtungen modifizierten die bisherigen Ansichten – einige Theorien Descartes' wurden korrigiert – und warfen neuen Probleme auf, um die hartnäckige Diskussionen unter den Gelehrten entbrannten. Cartesianer, die vorwiegend auf naturwissenschaftlichem Gebiet arbeiteten, wie Rohault, begriffen – auch von Galilei und Pascal beeinflußt – immer mehr die Bedeutung von

1 Zu den Entwicklungstendenzen des Cartesianismus vgl. J. Ehrard, L'idée de nature en France dans la première moitié du 18e siècle, Bd. 1, Paris 1963, sowie die in manchem veraltete, aber materialreiche Darstellung von F. Bouillier, Histoire de la philosophie cartésienne, Paris/Lyon 1854

Experiment und Beobachtung für den wissenschaftlichen Fortschritt und zogen auch wissenschaftstheoretische Schlußfolgerungen daraus. Sie forderten, mehr als bisher das Detail zu studieren, um das Ganze in den Griff zu bekommen. Das bedeutete eine Zurückdrängung der Metaphysik aus dem Bereich, den die Naturwissenschaft für sich beanspruchte. Descartes hatte dafür selbst günstige Voraussetzungen geschaffen. Obwohl er die Prinzipien seiner Physik aus Prinzipien seiner Metaphysik entwickelte, lassen sie der Physik zunächst genügend Freiheit, sich zu entfalten. Doch führten die Ergebnisse der Naturwissenschaft dazu, daß Widersprüche zwischen Physik und Metaphysik aufbrachen, die von den Cartesianern teils zugunsten der Physik, teils zugunsten der Metaphysik mehr oder minder provisorisch gelöst wurden. Bald jedoch wurden die Widersprüche so groß, daß sie nur überwunden werden konnten, wenn sich die Naturwissenschaft von ihrer metaphysischen Umklammerung löste. In diesen Zusammenhang ist das Vorwort Rohaults zu seinem „Traité de physique" zu stellen. Anhand seiner Bemerkungen wird deutlich, wieso die Naturwissenschaft dazu berufen war, einem Systemdenken entgegenzuwirken, das als metaphysischer enger Rahmen die Ausweitung ihrer Einsichten behinderte. Die Rücksicht auf das System führte zu endlosen Debatten um neue Erkenntnisse auf den verschiedensten Gebieten der gesellschaftlichen Praxis, die sich sonst viel rascher hätten durchsetzen können. Die Metaphysik war zu Beginn des 18. Jahrhunderts zu einem unnötigen Ballast geworden, der bei der Lösung konkreter gesellschaftlicher Aufgaben nicht weiterhelfen, im Gegenteil, ihr nur im Weg stehen konnte. „Die Metaphysik war im 17. Jahrhundert . . . noch versetzt mit *positivem*, profanem Gehalte. Sie machte Entdeckungen in der Mathematik, Physik und andern bestimmten Wissenschaften, die ihr anzugehören schienen. Schon im Anfang des 18. Jahrhunderts war dieser Schein vernichtet. Die positiven Wissenschaften hatten sich von ihr getrennt und selbständige Kreise gezogen. Der ganze metaphysische Reichtum bestand nur noch in Gedankenwesen und himmlischen Dingen, gerade als die realen Wesen und die irdischen Dinge alles Interesse in sich zu konzentrieren begannen. Die Metaphysik war fad geworden . . ."[1]

Der Ballast der Metaphysik aber konnte nicht abgeworfen werden, ohne dem System seinen inneren Zusammenhalt zu nehmen. Der Systemcharakter der cartesianischen Philosophie beruhte letztlich auf der gedanklichen Voraussetzung, daß ein Gott dank seiner unendlichen Weisheit und Vollkommenheit die Ordnung der Welt geschaffen hat und sie mit Hilfe der Naturgesetze, die als Gesetze mechanischer Bewegung verstanden wurden, aufrechterhält. Trennte sich die Physik von der Metaphysik, entstand eine moderne mechanische Naturwissenschaft, aber das philosophische System zerbrach.

1 F. Engels/K. Marx, Die heilige Familie, a. a. O., Bd. 2, S. 134

3. Die Kritik der Aufklärung am rationalistischen Systembegriff bis 1750

Die Auseinandersetzung mit dem cartesianischen System beginnt also bereits im letzten Drittel des 17. Jahrhunderts. Sie reißt seitdem nicht mehr ab. Doch erst seit den 20er Jahren des 18. Jahrhunderts wird sie breiter und tiefer geführt. Breiter, denn es beteiligen sich an ihr nicht nur die führenden Köpfe der Aufklärungsbewegung, sondern auch eine große Anzahl von Naturforschern und Journalisten, kurz, mehr oder minder alle, die sich von ihrer Bildung her für kompetent halten. Tiefer, denn ihr wurde mit der Rezeption von Lockes sensualistischer Erkenntnistheorie und Newtons physikalischen Einsichten (Gravitationstheorie) eine theoretische Fundierung gegeben[1]. Die großen philosophischen und wissenschaftlichen Leistungen der Engländer wurden bald zur Kenntnis genommen. So wurde von Lockes „Essay on humain understanding" (1690) zwei Jahre, bevor die Originalausgabe erschien, also 1688, in der von Leclerc in Amsterdam herausgegebenen Zeitschrift der französischen Emigranten „Bibliothèque universelle et historique" ein Auszug veröffentlicht; (die vollständige französische Ausgabe erschien 1700 ebenfalls in Amsterdam, in der von Locke durchgesehenen Übersetzung seines Freundes Pierre Coste).

Die Gründe für das Interesse, das man Locke in Frankreich entgegenbrachte, hat Marx auf einen Nenner gebracht: „Man bedurfte eines Buches, welches die damalige Lebenspraxis in ein System brachte und theoretisch begründete. *Lockes* Schrift über den ‚Ursprung des Verstandes' kam wie gerufen von jenseits des Kanals. Es wurde enthusiastisch als ein sehnlichst erwarteter Gast empfangen."[2]

Die Rezeption Lockes ging mit der Newtons Hand in Hand, denn Newton hat in seinen „Philosophiae naturalis principia mathematica" (1687) praktisch demonstriert, zu welch epochemachenden Ergebnissen die induktiv-experimentelle Methode führen konnte, zu Ergebnissen nämlich, vor denen sich die cartesianische Physik – bisher das Nonplusultra der Wissenschaft – auf die Dauer nicht behaupten konnte; Locke aber schuf in seinem „Essay" der Methode Newtons ein theoretisches Fundament.

Da die Auseinandersetzung der Aufklärung um den Systembegriff spätestens seit der Rezeption Lockes als Teil der Auseinandersetzung zwischen Sensualismus und Rationalismus zu begreifen ist, sei zunächst gefragt, worin der Fortschritt des Sensualismus gegenüber dem Rationalismus bestand. Allgemein gesprochen, ist er darin zu sehen, daß eine neue Stufe in der Aufhebung der realistischen Metaphysik erreicht, daß den sinnlichen Gegebenheiten des Erkenntnisprozesses besser Rechnung getragen wurde. Hatte Descartes die Vernunft als Grundlage

1 Die französische Newton-Rezeption wurde von P. Brunet in seinem Buch « L'introduction des théories de Newton en France au 18e siècle (avant 1738) », Paris 1931, ausführlich dargestellt.

2 F. Engels/K. Marx, Die heilige Familie, a. a. O., S. 135

für die menschliche Selbständigkeit entdeckt, so war es nur natürlich, daß er sie zunächst metaphysisch, das heißt als Substanz, betrachtete. Als die Fähigkeit, die die ganze Würde des Menschen ausmacht und ihn vom Tier unterscheidet, stellte man sich die Vernunft als Gottesgabe vor. Sie befähigte ihn, die Wahrheit zu schauen, vorausgesetzt, daß die Vernunfterkenntnis über die sie beeinträchtigende Sinneserkenntnis dominierte.

Als Locke seinen „Essay über den menschlichen Verstand" verfaßte, war die realistische Metaphysik aus allen Lebensbereichen zurückgedrängt worden. Die Kenntnis der Naturgesetze konnte in der Manufakturproduktion rasch praktisch umgesetzt und gewinnbringend angewendet werden. Die Kenntnis gesellschaftlicher Zusammenhänge wurde immer wichtiger, allein schon um die beginnende kapitalistische Wirtschaft zu lenken, deren Gesetze komplizierter waren als die der Feudalwirtschaft. Der Sensualismus trug dem Bedürfnis des Menschen Rechnung, die Gesetze seiner unmittelbaren Lebenssphäre erfassen zu wollen, indem er die realistische Metaphysik immer mehr in ihre Schranken verwies. Dabei mußte sich zuallererst die Funktion der Sinne als Mittler zwischen objektiver Realität und individuellem Bewußtsein herausstellen. Die Sinne entzogen sich nicht der analytischen Betrachtung. Von ihnen ausgehend, ließen sich auch die anderen Bereiche des Erkenntnisvermögens leichter erschließen.

3.1. Die beginnende Differenzierung des Systembegriffs in einen rationalistischen und einen sensualistischen Bereich

Die Gravitationslehre als Grundlage von Newtons Mechanik und Naturphilosophie (sowie die Mechanik und Naturphilosophie selbst) wurde in Frankreich als *système* bezeichnet. Dabei spielten folgende Faktoren eine Rolle:

1. Die Universalität der Gravitationslehre wurde der Universalität der rationalistischen Gedankengebäude gleichgesetzt. Auch in ihnen wurde aus möglichst nur einem Prinzip oder Grundgedanken eine umfassende bzw. alles umfassende Doktrin entwickelt. Newtons Mechanik konnte daher mit demselben Terminus belegt werden. Daß die Rationalisten ihre Prinzipien auf einem anderen Weg gefunden hatten als Newton die seinen, spielte für die Bezeichnung zunächst keine Rolle, ebensowenig wie die Tatsache, daß er experimentell oder mathematisch beweisbare Sätze aufstellte, die das universelle Phänomen Gravitation nicht *erklärten*, sondern nur *konstatierten*, während die Rationalisten vor allem nach *Erklärungen* der Vorgänge der Realität suchten.

2. Da Descartes' Physik als *système* bezeichnet wurde, lag es nahe, für ihr modernes Gegenstück, in dem die Himmelsmechanik gleichfalls einen zentralen Platz einnahm, denselben Terminus zu verwenden. Die Tatsache, daß seit Beginn des 18. Jahrhunderts in *système* die Bedeutung des Hypothetischen mitschwang, ja *système* und *hypothèse* sogar zu Synonymen zusammenfallen konnten, spielte dabei merkwürdigerweise kaum eine Rolle.[1]

1 Man findet nur wenige Belege, in denen die Scheu zum Ausdruck kommt, Newtons Himmels-

3. Schließlich war *système* auch als Synonym für *théorie* und *doctrine* im Umlauf. Zum Beispiel bezeichnete Maupertuis in der „Vénus physique" (1745) die verschiedenen gängigen Theorien über die Reproduktion des Lebens als *systèmes*. Weshalb sollte dann eine neue physikalische Theorie nicht ebenso benannt werden? Auf alle Fälle bewahrte die Übertragung des Terminus auf Newtons Physik den Systembegriff davor, in der Aufklärung nur als negativer (metaphysisch vorbelasteter, Hypothetisches einschließender) Begriff weiterzuexistieren und leitete die Spaltung in einen metaphysisch-rationalistischen und einen empirischen Begriffsbereich ein. Der Auftakt zur Differenzierung läßt sich besonders gut an einigen Newton rezipierenden Texten der 30er Jahre ablesen: an Maupertuis' „Discours sur les différentes figures des astres" (1732), an drei Texten von Voltaire: den „Lettres philosophiques" (1734), den „Eléments de la philosophie de Newton" (1738) und der „Défense du Newtonianisme" (1739) sowie der französischen Übersetzung von Algarottis „Neutonianismo, ovvero Dialoghi sopra la luce, i colori, e l'attrazione" (1738). Das Auseinanderfallen des Begriffs in die beiden charakterisierten Bereiche wird, wie gesagt, dadurch eingeleitet, daß er, wie hier von Voltaire, unterschiedslos für Descartes' sowie für Newtons Weltsystem verwendet wird: „Im Hinblick auf *unser Weltsystem* diskutierte man seit langem über die Ursache, die alle Planeten kreisen läßt und sie in ihrer Umlaufbahn hält, sowie über die Ursache, die bewirkt, daß hier unten alle Körper zur Oberfläche der Erde fallen. *Das System von Descartes* . . . schien für diese Phänomene einen plausiblen Grund anzugeben."[1] Und wenn Voltaire im Anschluß daran beschreibt, wie die Wirbeltheorie durch die Gravitationstheorie abgelöst wurde, bezeichnet er sie als „Système de l'Attraction".

In Maupertuis' „Discours" wird der Terminus *système* unterschiedslos und ohne differenzierende oder wertende Attribute für die vom Autor für falsch gehaltene cartesianische Wirbeltheorie wie für die von ihm akzeptierte Gravitationstheorie Newtons gebraucht, z. B.: „Die Kometen, die im *Wirbelsystem* so störend sind, bestätigen das *System der Erdanziehung* aufs neue.[2] In dieser Hinsicht glaube ich, es wäre nicht unnütz, hier eine Vorstellung *der beiden großen Systeme* zu vermitteln, die heute die philosophische Welt in zwei Lager spalten. Ich beginne mit dem Wirbelsystem . . ."[3]

mechanik als *système* zu bezeichnen, wie z. B. im Discours préliminaire à l'Encyclopédie: « Sa théorie du monde (car je ne veux pas dire son Système) est aujourd'hui si généralement reçue . . . » (Encyclopédie, Bd. 1, S. XXVI)

1 Voltaire, Lettres philosophiques, éd. critique, Paris 1964, Bd. 2, S. 15—17: «A l'égard du Systême de notre monde, on disputoit depuis long-tems sur la cause qui fait tourner et qui retient dans leurs orbites toutes les Planettes, et sur celle qui fait descendre ici bas tous les corps vers la surface de la terre. Le Systême de Descartes . . . sembloit rendre une raison plausible de ces phénomènes . . . »

2 Maupertuis, Discours sur les différentes figures des astres, in: Œuvres, Dresde 1752, S. 76: «Les Comètes si embarrassantes dans le Système des Tourbillons, donnent une nouvelle confirmation du Système de l'attraction.»

3 Ebenda, S. 67: « Dans cette vue, je crois qu'il ne sera pas inutile de donner ici quelque idée

3.2. Die Verurteilung metaphysischen Systemdenkens in den 30er und 40er Jahren

Für die Systemdebatte in den 30er und 40er Jahren sind drei Texte repräsentativ: Voltaires „Eléments de la philosophie de Newton", Buffons Vorwort zu seiner Hales-Übersetzung und das 32. Kapitel aus Diderots „Bijoux indiscrets". Sie greifen den *esprit systématique* als eine spekulative Denkweise an und setzen ihm eine Haltung entgegen, die treffend *esprit d'observation* genannt wurde.[1]

Was es mit dem *esprit systématique* genauer auf sich hat, wird in Voltaires „Eléments" besonders anhand der cartesianischen Lichttheorie verdeutlicht. Im 1. Kapitel des 2. Teils wird Descartes' Auffassung vom Licht als „zarte, feine Materie" referiert sowie seine Erklärung der Farben als „Empfindungen, die Gott in uns auslöst, ja nach verschiedenen Bewegungen, die diese Materie unseren Organen überträgt". Damit ist Voltaire einverstanden, doch mit allem folgenden nicht. Hier hätte Descartes haltmachen oder sich von der Erfahrung weiterleiten lassen müssen, konstatiert er. „Aber er war von dem Gedanken, ein System aufzustellen, besessen"[2] oder, wie es in der Kapitelüberschrift heißt, „der Systemgeist hat Descartes in die Irre geführt".[3]

Was bedeutet das? Descartes richtet sich, wie Voltaire ausführt, nicht mehr nach dem von ihm selbst zu einem ersten Prinzip erhobenen Grundsatz der Evidenz, sondern denkt sich drei Elemente aus, die aus von Gott geschaffenen Würfeln entstanden seien. Aus dem dritten dieser Elemente, zu Kugeln abgerundeten zerbrochenen Würfeln, „gefällt es ihm, das Licht zu machen".[4] Der *esprit systématique* ist also der Hang, sich für irgendwelche Erscheinungen Erklärungen auszudenken, die nicht empirisch beweisbar sind. Systeme sind in diesem Sinne spekulative Hypothesen, die sich nicht auf sinnliche Erfahrungen gründen, sondern allein der Vorstellungskraft zuzuschreiben sind.

Vor einem solchen Erkenntnisverfahren kann Voltaire nur immer wieder warnen.

Mit den Worten: „... ich kann sogar behaupten, daß man in Sachen der Physik die Experimente in dem Maße suchen soll, wie man die Systeme zu fürchten hat", beginnt die Passage über das Systemdenken in Buffons *Vorwort*. Was für Systeme er im Auge hat, geht ganz klar aus der Fortsetzung des Textes hervor: „Ich gestehe, daß nichts so schön wäre, wie wenn man ein einziges Prinzip fände und aus

des deux grands Systèmes qui partagent aujourd'hui le Monde Philosophe. Je commencerai par le Système des Tourbillons ...»

1 J. Senebier, L'art d'observer, Genève 1775, S. 55

2 Voltaire, Eléments de la philosophie de Newton, in: Œuvres complètes, éd. Moland, Bd. 22, S. 440: «Mais il était possédé de l'envie d'établir un système.»

3 Ebenda, Bd. 22, S. 439: «l'esprit systématique a égaré Descartes.»

4 Ebenda, S. 440

5 Buffon, Œuvres philosophiques, Paris 1954, S. 5: « je puis même dire, qu'en fait de Physique, l'on doit rechercher autant les Expériences que l'on doit craindre les systèmes.»

ihm das Universum erklären könnte."[1] Mit Hilfe der Phantasie könne man die der Natur zugrunde liegenden Prinzipien nicht entschleiern, fährt der Autor fort, nur mit Hilfe von durchdachten und kontinuierlichen Experimenten. Auch den Gemeinplatz, die zeitgenössischen metaphysischen Systeme nähmen sich wie Romane aus, wiederholt er. Die ihnen eigne Absurdität könne man nur vermeiden, wenn man von der Kenntnis der Wirkungen zur Kenntnis der Ursachen fortschreitet und nicht umgekehrt. Und er kommt zu dem für die Frühaufklärung typischen Schluß: „Sammeln wir also immer weiter Erfahrungen, und entfernen wir uns möglichst von jeglichem Systemgeist, wenigstens solange, bis wir wissend sind."[2] Etwas Neues sagt Buffon auch dann nicht, wenn er es als eine Aufgabe der Zukunft ansieht, die Einzelerkenntnis in große Systemzusammenhänge zu stellen.

In Diderots „Bijoux indiscrets" erzählt der Sultan Mangogul einen phantastischen Traum: Ein Fabeltier entführt ihn in ein merkwürdiges Reich und trägt ihn durch die Lüfte zu einem Tempel, mit dem es eine besondere Bewandtnis hat, denn so sehr sich Mangogul auch bemüht, er vermag keine Fundamente zu erkennen, auf denen die mächtigen Säulen des Tempels ruhen. Was er aber deutlich wahrnimmt, ist eine Schar in spärlichen Lumpen gehüllter alter Männer mit zufriedener Miene, aber schmächtig und kraftlos, die sich fast alle auf Stelzen fortbewegen und vom leisesten Windstoß umgeworfen werden. Trotzdem wissen sie auf den ersten Blick zu gefallen, denn sie haben etwas Interessantes und Kühnes an sich. Einer von ihnen ist damit beschäftigt, Seifenblasen in die Luft zu schicken, die bis zu den Wolken schweben. Den vertrauenerweckendsten Tempelbewohner bittet Mangogul um Auskunft darüber, in welch rätselhafte Gegend es ihn verschlagen hat und wer die Männer sind, die so merkwürdig anmuten.

„Ich bin Plato", antwortete der Befragte zu Mangoguls Überraschung. „Ihr seid im Reich der Hypothesen, und jene Leute hier sind Erbauer von Systemen."[3] Plato macht es sich zur Aufgabe, die Systembesessenen zum Studium des Menschen und zur „Tugend" zu bekehren, womit angedeutet ist, daß sich die Aufklärung vom spekulativen Denken abwendet, um sich mit praktischen Problemen des menschlichen Zusammenlebens in der Gesellschaft zu befassen. Der Tempel war einst die Heimatstätte der Philosophie; die Lumpen der Tempelbewohner sind die kümmerlichen Reste der wahren Philosophie, die in den spekulativen Systemen erhalten geblieben sind.

Die Stunden dieser Systeme sind aber bereits gezählt. Am Horizont erschein

1 Ebenda: « J'avoue que rien ne serait si beau que d'établir un seul principe, pour ensuite expliquer l'Univers. »

2 Ebenda, S. 5f.: « Amassons donc toujours des Expériences, et éloignons-nous, s'il est possible, de tout esprit de systême, du moins jusqu'à ce que nous soyons instruits . . . »

3 D. Diderot, Les bijoux indiscrets, in: Œuvres complètes, éd. Assézat/Tourneux, Bd. 4, Paris 1875, S. 257: « Je suis Platon, vous êtes dans la région des hypothèses, et ces gens-là sont des systématiques. » — Siehe dt.: D. Diderot, Die geschwätzigen Kleinode, Berlin 1921, S. 212

eine lichte Gestalt, die berufen ist, deren kunstvolles Gebäude zu zerstören und die wahre Philosophie wieder in ihre Rechte einzusetzen. Es ist die Erfahrung, mit Teleskop, Pendel, Quecksilberröhrchen und Prisma ausgestattet, an Galilei, Pascal und Newton erinnernd. Kaum nähert sie sich dem Tempel der Systeme, als auch schon dessen Säulen schwanken, die Gewölbe bersten und der ganze Bau in sich zusammenfällt.

3.3. Condillacs Stellung gegenüber Systemen: Kritik und Neubeginn

Condillacs „Traité des systèmes" von 1749 nimmt in der Systemdebatte der Aufklärung eine Schlüsselstellung ein. Bei den anderen Aufklärern finden sich mehr oder minder gelegentliche, meist in verschiedenen Werken verstreute Bemerkungen zu dem uns interessierenden Thema. Ihre Feindseligkeit gegenüber den im 17. Jahrhundert konzipierten Systemen ist eine Grundhaltung; ihre Stellung zum rationalistisch-metaphysischen *Systembegriff* aber wird nirgends umfassend und zusammenhängend begründet. Die Veränderungen, die der Systembegriff in der ersten Hälfte des 18. Jahrhunderts erfährt, werden von ihnen nicht immer bewußt registriert. Sie gebrauchen ihn oft unreflektiert. Definieren sie ihn aber, so tragen sie dennoch nicht der Gesamtheit seiner Entwicklungstendenzen Rechnung. Condillac ist der einzige, der die Veränderungen des philosophischen Denkens seit dem ausgehenden 17. Jahrhundert in ihrer Widerspiegelung im System*begriff* zeigt. Er fixiert den Entwicklungsstand des Begriffs, allerdings ohne seine Etappen nachzuzeichnen, und hält ihn in einer Definition fest, die er umfassend erläutert. Sein Buch wird von seinen Mitstreitern aufmerksam zur Kenntnis genommen (z. B. von La Mettrie, Diderot[1] und Maupertuis[2]) und trägt zur Stabilisierung von *système* als philosophischer Kategorie bei. Als *der* Erkenntnistheoretiker der französischen Aufklärung besaß er die besten Voraussetzungen für die Beschäftigung mit dem Systembegriff, denn dessen Wandlungen waren ja in erster Linie von den Veränderungen aus faßbar, die in der Erkenntnistheorie vor sich gegangen sind. Condillacs Auseinandersetzung mit dem Systemdenken nimmt aber nicht erst im „Traité des systèmes" ihren Anfang. Bereits in seinem ersten Werk, dem „Essai sur l'origine des connaissances humaines" (1746), findet sich Interessantes zu diesem Thema. Es ist dies ein zweiter „Essai über den menschlichen Verstand", aber, verglichen mit Lockes Hauptwerk, präziser in der Terminologie, knapper in der Argumentation, klarer in der Linienführung, sicher auftretend, wo Locke tastende erste Schritte wagte, Neuland erschließend bei der Entdeckung der Funktion der Sprache im Denkprozeß.

1 Von La Mettrie in seinem Abrégé des Systêmes, in: Œuvres philosophiques, Londres 1751, S. 238; von Diderot in Lettre sur les aveugles, in: Œuvres complètes, éd. Assézat/Tourneux, Bd. 1, S. 315. – Letzteres siehe dt.: D. Diderot, Brief über die Blinden, in: Philosophische Schriften, Bd. 1, a. a. O., S. 84f.

2 Von Maupertuis in den Lettres, Dresde 1752, Lettre VIIe, S. 52

Der „Essai sur l'origine des connaissances humaines"[1] schafft insofern die erkenntnistheoretischen Voraussetzungen für Condillacs Systemauffassung, als der Autor, alle Ideen konsequent auf Sinneserfahrungen zurückführend, den Metaphysikern nachweisen will, daß sie bei der Schaffung ihrer Systeme in Unkenntnis des natürlichen Weges der Erkenntnis diesen nicht nachvollzogen haben und deshalb zu nicht akzeptablen Ergebnissen gelangen mußten: „Sie haben also die Sinneseindrücke als etwas angesehen, was erst nach den Ideen kommt und sie modifiziert; ein Irrtum, der dazu führte, daß sie sich ebenso bizarre wie unverständliche Systeme ausdachten."[2]

Der „Traité des systèmes", dessen vollständiger Titel 1749 lautete „Traité des Systèmes, où l'on en démêle *les inconvéniens et les avantages*. Par l'Auteur de l'essai sur l'Origine des Connaissances humaines", beginnt mit einer klassisch gewordenen Definition: „Ein System ist nichts anderes als die Anordnung der verschiedenen Teile einer Kunst oder Wissenschaft in einer Art und Weise, in der sie sich gegenseitig bedingen und sich die letzten aus den ersten erklären. *Prinzipien* heißen diejenigen, die die andern erklären; und das System ist um so vollendeter, je geringer die Zahl der Prinzipien ist; ja, es ist sogar wünschenswert, sie auf ein einziges zu reduzieren."[3] Diese Begriffsbestimmung wird in die Enzyklopädie übernommen. Dort findet sie sich unter dem Stichwort „système, s. m. (Métaphysique)" mit einer geringfügigen Abänderung. Noch im „Grand Larousse encyclopédique en dix volumes", Paris 1964, wird unter dem Stichwort „Système philosophique" der Anfang dieser Definition zitiert.

Bemerkenswert an ihr ist zunächst, daß sie ein positives Verhältnis zu einem doch sehr vorbelasteten Begriff zum Ausdruck bringt. Für dessen weiteres Schicksal ist aber die Fortsetzung der Definition noch entscheidender, weil sie, dem Entwicklungsstand Rechnung tragend, nicht mehr von einem einheitlichen Systembegriff ausgeht. Aus drei Kategorien von Prinzipien werden nämlich drei verschiedene Systemkategorien entwickelt, die beiden ersten spekulativ-rationalistischer, die dritte sensualistischer Natur.

Die *erste Kategorie* hat Prinzipien zum Ausgangspunkt, die sich bei näherer Betrachtung als „allgemeine und abstrakte Maximen"[4] erweisen. Derlei Systeme werden von Condillac *systèmes abstraits* genannt.

1 Condillac, Essai sur l'origine des connaissances humaines, in: Œuvres philosophiques de Condillac, Bd. 1, Paris 1947, S. 4

2 Ebenda, S. 7: « Ils ont donc regardé les sensations comme quelque chose qui ne vient qu'après les idées, et qui les modifie; erreur qui leur a fait imaginer des systêmes aussi bizarres qu'inintelligibles. »

3 Condillac, Traité des systèmes, in: Œuvres philosophiques de Condillac, Bd. 1, S. 121: « Un systême n'est autre chose que la disposition des différentes parties d'un art ou d'une science dans un ordre où elles se soutiennent toutes mutuellement, et où les dernières s'expliquent par les premières. Celles qui rendent raison des autres, s'appellent principes; et le systême est d'autant plus parfait, que les principes sont en plus petit nombre: il est même à souhaiter qu'on les réduise 'à un seul. »

4 Ebenda: « maximes générales et abstraites. »

In die *zweite Kategorie* gehören die als *hypothèses* bezeichneten Systeme. Die Prinzipien, die ihnen zugrunde liegen, sind „Vermutungen, die man anstellt, um Dinge zu erklären, die man anders nicht zu erklären wüßte".[1]
Bereits aus den ersten Bemerkungen zu diesen beiden Kategorien von Prinzipien bzw. Systemen ist die Stoßrichtung des ganzen „Traité" ablesbar. Die Metaphysik des 17. Jahrhunderts – die in den Köpfen eines Großteils der Zeitgenossen Condillacs noch immer lebendig war – in ihrer Überholtheit bloßzustellen, ist das Ziel des Autors. Denn die Metaphysiker sind es, die mit Prinzipien der ersten und zweiten Kategorie gearbeitet haben. Die Unhaltbarkeit dieser Prinzipien zu beweisen, bedeutet also, die Metaphysik an einer ihrer Wurzeln zu pakken. Die Metaphysiker dachten in dem starren Rahmen rationalistischer Systeme. Condillac mußte die gedankliche Entstehung ihrer Systeme und damit ihre deduktive Methode analysieren, wollte er die Metaphysik ad absurdum führen.

Die Prinzipien der ersten Kategorie, die Condillac im folgenden mit abstrakten Begriffen gleichsetzt, werden von einem sensualistischen Standpunkt aus verworfen: Nicht angeboren, sondern aus partikulären Ideen entstanden, vermögen sie zu deren Erklärung nur eine Scheinantwort zu geben.

Den Prinzipien der *dritten Kategorie*, den für den Autor einzig akzeptablen, liegen Fakten, Erfahrungen zugrunde. Es kommt nach Condillacs Meinung darauf an, diejenigen Fakten zu erkennen, die zur Erklärung der anderen taugen und deshalb zum Prinzip erhoben werden können, wie zum Beispiel die Erdanziehung, die zwar seit eh und je bekannt war, aber erst von Newton als Prinzip der Physik entdeckt worden ist. Auf Prinzipien solcher Art basieren die *vrais systèmes*, das heißt die empirischen, nicht metaphysischen Systeme, „die allein verdienen würden, diesen Namen zu tragen".[2]

Der klare Trennungsstrich, der hier zwischen den *abstrakten Systemen* und *Hypothesen* auf der einen und den *wahren Systemen* auf der anderen Seite gezogen wird, trägt dazu bei, daß der bislang zu beobachtende Trend von *système* und *hypothèse*, zu Synonymen zu werden, stark zurückgeht und sich der sensualistische Begriffsbereich immer unabhängiger vom rationalistisch-spekulativen entwickelt.

Den vermeintlichen Mechanismus des Denkens bei der Schaffung abstrakter Systeme legt Condillac bloß: Von abstrakten Prinzipien, die als angeboren aufgefaßt werden, bewegt es sich stufenweise zum Konkreten, zu spezielleren Erkenntnissen hin. Condillac hat aber bereits im „Essai sur l'origine des connaissances humaines" demonstriert – und wiederholt es hier nochmals –, daß der natürliche Weg der Erkenntnis im umgekehrten Sinn verläuft, daß abstrakte Prinzipien also niemals Ausgangspunkt, sondern immer Endpunkt des Denkens sind und nur als solcher wieder zum Ausgangspunkt von Systemen werden können.

1 Ebenda: « suppositions qu'on imagine pour expliquer les choses dont on ne sauroit d'ailleurs rendre raison. »

2 Ebenda, S. 122: « ceux qui mériteroient seuls d'en porter le nom. »

Einen wesentlichen Gesichtspunkt führt Condillac für das Aufkommen des angegriffenen Systemdenkens an: den Wunsch nach Absolutheit und Totalität der Erkenntnis – ein Gedanke, der bei der Beurteilung der Philosophie des 17. Jahrhunderts durch die Aufklärung eine große Rolle spielte und der von Engels in seiner Arbeit „Ludwig Feuerbach und der Ausgang der klassischen deutschen Philosophie dialektisch weitergeführt worden ist, wenn er bemerkt: „Bei allen Philosophen ist gerade das ‚System' das Vergängliche, und zwar gerade deshalb, weil es aus einem unvergänglichen Bedürfnis des Menschengeistes hervorgeht: dem Bedürfnis der Überwindung aller Widersprüche. Sind aber alle Widersprüche ein für allemal beseitigt, so sind wir bei der sogenannten absoluten Wahrheit angelangt, die Weltgeschichte ist zu Ende, und doch soll sie fortgehn, obwohl ihr nichts mehr zu tun übrigbleibt – also ein neuer, unlösbarer Widerspruch."[1] Condillac begrüßt die Tendenz der Naturwissenschaft seiner Zeit, Fakten zu sammeln und „deren gegenseitige Abhängigkeit zu entdecken, bevor sie Prinzipien aufstellt, die sie erklären";[2] er begrüßt sie als eine Konsequenz aus den Lehren der Geschichte. Er lenkt die Blicke seiner Zeitgenossen auf die Naturwissenschaft, weil er erkannt hat, daß von ihr einer der wesentlichsten Impulse zur Überwindung des metaphysischen Systemdenkens ausgegangen ist.

Die Maßstäbe seiner Kritik gewinnt Condillac nicht aus einer Haltung, die man schlechthin als systemfeindlich bezeichnen könnte, wie der Standpunkt der Aufklärung oft in unzulänglicher Verallgemeinerung der in den 30er und 40er Jahren vorherrschenden Position genannt wird, sondern aus einer antimetaphysischen Sicht, die dem Systemdenken eine neue, empirisch fundierte Perspektive eröffnet. Davon zeugen allein schon die zitierten Passagen seiner System- und Prinzipiendefinitionen. Die nochmalige Gegenüberstellung und Einschätzung rationalistisch-metaphysischer und sensualistischer Prinzipien zu Beginn des 3. Kapitels bestätigt dies aufs neue.

Bezeichnend für die Haltung der Aufklärer ist die Wendung, die Condillac seiner Systemkritik am Ende des 3. Kapitels gibt, wenn er die Auswirkungen des aus dem 17. Jahrhundert übernommenen Systemdenkens auf die gesellschaftliche Praxis als besonders gefährlich ansieht. Der Mechanismus dieses Denkens durchdringe alle Bereiche des gesellschaftlichen Lebens, so auch Politik und Moral, wo Prinzipien postuliert werden, die nicht die Totalität der gesellschaftlichen Gegebenheiten berücksichtigen und daher zu unverantwortlichen Fehlerquellen des Handelns werden.

Die in den ersten drei Kapiteln zumeist allgemein gehaltene Kritik am rationalistischen Systemdenken wird in den folgenden Analysen an einigen Beispielen vertieft. Nach einer grundsätzlichen Stellungnahme zur Theorie der eingeborenen Ideen, die jedoch nicht allzu ausführlich gehalten ist, weil sie sich den ent-

1 F. Engels, Ludwig Feuerbach und der Ausgang der klassischen deutschen Philosophie, in: MEW, Bd. 21, Berlin 1973, S. 270

2 Condillac, Traité des systèmes, a. a. O., S. 127

sprechenden Passagen aus Lockes „Essay über den menschlichen Verstand" anschließen kann, werden vor allem Thesen von Malebranche, Leibniz und Spinoza widerlegt.

Welche Voraussetzungen hält Condillac nun für erforderlich, um „Systeme auf Prinzipien aufbauen zu können, die von der Erfahrung festgestellt sind"? Aus seiner Definition, die besagt, daß in einem System die verschiedenen „Teile" so anzuordnen seien, daß sie auseinander erklärbar sind und sich alle auf eine „erste Tatsache" beziehen, von der sie abhängen und die deshalb zum Prinzip erhoben wird, ergibt sich als selbstverständliche Voraussetzung, daß alle Elemente des Systems bekannt sein müssen, um eine bestimmte Anordnung treffen zu können. Neu entdecktes Faktenmaterial würde eine neue Anordnung nach sich ziehen, weil sich neue Zusammenhänge und Abhängigkeiten herausstellen würden.

Noch sind den Systemen der „Physik", das heißt der Naturwissenschaft, wie Condillac richtig feststellt, Schranken auferlegt dadurch, daß die Elemente nicht bzw. noch nicht beobachtbar und die Phänomene des Lebens nicht erklärbar sind. Daraus zieht Condillac die Konsequenz, man müsse sich damit begnügen, Fakten als Prinzipien eines Systems zu wählen, die zwar imstande sind, andere Fakten zu erklären, selbst aber unerklärbar bleiben. Als ein solches sich bescheidendes System wird Newtons Gravitationstheorie angeführt.

4. Die Entwicklung zu einem sensualistischen Systembegriff und -denken in der 2. Jahrhunderthälfte

In der 2. Jahrhunderthälfte klingt die Kritik der Aufklärung am metaphysischen Systembegriff aus, und das Systemproblem wird in einer neuen Richtung diskutiert, die sich schon Ende der 40er Jahre abzuzeichnen beginnt. Aus dieser Diskussion geht der Systembegriff gefestigt hervor. Die Rückbesinnung auf eine Kategorie, die sich als geeignet erwiesen hat, große Zusammenhänge wiederzuspiegeln und ein aus voneinander abhängigen Teilen bestehendes Ganzes in den Griff zu bekommen, erfolgte, seitdem führende Köpfe der Aufklärung nicht mehr im Studium von Details die eigentliche Aufgabe der Wissenschaft sahen, sondern in der Erforschung größerer Zusammenhänge.

Der Systembegriff wird nun verwendet, um die objektive Realität zu charakterisieren; das heißt, der Meinungsstreit um die Frage, ob es angebracht sei, auf empirischer Grundlage zur Errichtung von Systemen überzugehen, und ob es möglich sei, in Zukunft ein „komplettes System" auszuarbeiten, mündet in die Einsicht, die Natur *ist* ein System, und das Wissen über die Natur ist in einen systematischen Zusammenhang zu bringen. Den Weg zu dieser Erkenntnis haben führende Köpfe der Aufklärung geebnet: La Mettrie, Buffon, Condillac, d'Alembert, selbst Diderot, der jedoch seine eigenen philosophischen Gedanken nie in ein System gebracht hätte.

Der neu gewonnene empirische Systembegriff war in seiner Tendenz zum Materialismus ein gewaltiger Fortschritt gegenüber dem metaphysischen des 17. Jahrhunderts, der seinem Wesen nach ein idealistischer war. Er gipfelte in Holbachs „Système de la nature" in einem konsequent materialistischen Systembegriff.

4.1. Der aktuelle Verzicht auf Systeme und das „système complet" als Zukunftsideal

Bei weitem nicht alle Vertreter der Aufklärung begünstigen die Entstehung eines neuen Systembegriffs. Einige verharren auf Positionen der 1. Jahrhunderthälfte.

Aus den Erfahrungen heraus, daß das cartesianische System auf einer bestimmten Entwicklungsstufe den Blick für neue Erkenntnisse verstellte und dadurch den Fortschritt hemmte, wird auch in der zweiten Jahrhunderthälfte vielfach noch der Verzicht auf jegliches System als unabdingbare Voraussetzung für eine vorurteilsfreie Naturforschung angesehen. So gibt Voltaire, der in der Systemfrage nicht über seine Erkenntnisse der 30er Jahre hinausgekommen ist, einem jungen Mann noch 1768 den wohlgemeinten Rat: „Wenn Sie, mein Herr, sich ernsthaft dem Studium der Natur widmen wollen, dann gestatten Sie mir den Rat, damit zu beginnen, *kein System aufzustellen.*"[1] Die Meinung, daß es beim gegenwärtigen Stand der Naturforschung ratsam sei, auf Systeme zu verzichten, wird von vielen Aufklärern immer noch geteilt. Wie aber werden die zukünftigen Aussichten für Systembildungen eingeschätzt?

In der Enzyklopädie (Artikel „Philosophie") heißt es dazu: „Es gilt als sicher, daß nichts löblicher ist als der Entschluß, den die Akademie der Wissenschaften gefaßt hat, zu sehen, zu beobachten und in ihren Akten ihre Beobachtungen und Erfahrungen niederzulegen und der Nachwelt die Mühe zu überlassen, ein *vollständiges System* aufzustellen, wenn dazu genügend Material vorhanden ist; jene Zeit aber liegt noch in weiter Ferne, wenn sie überhaupt jemals kommen sollte."[2] Bereits bei Huygens und bei Fontenelle stößt man auf ähnliche Überlegungen. Im „Essai de cosmologie" (1750) macht sich Maupertuis Gedanken in derselben

1 Voltaire, Lettre à M. L. C., 23. November 1768, in: Œuvres complètes, éd. Moland, Bd. 46, S. 202: « Si vous voulez, monsieur, vous appliquer sérieusement à l'étude de la nature, permettez-moi de vous dire qu'il faut commencer par ne faire aucun système. »

2 „Philosophie", in: Encyclopédie . . .: « Ce qu'il y a de certain, c'est que rien n'est plus louable que le parti qu'a pris l'académie des Sciences, de voir, d'observer, de coucher dans ses registres les observations et les expériences, et de laisser à la postérité le soin de faire un systême complet, lorsqu'il y aura assez de matériaux pour cela; mais ce tems est encore bien éloigné, si tant est qu'il arrive jamais. » — Siehe dt.: „Philosophie", in: Artikel aus der von Diderot und d'Alembert herausgegebenen Enzyklopädie, S. 866f.

Richtung: „Nicht, daß man nicht so weit gekommen wäre, mehrere Phänomene im Zusammenhang zu sehen, sie aus einem vorausgegangenen Phänomen abzuleiten und sie zu berechnen. Zweifellos werden Zeit und Erfahrung sogar auf diesem Gebiet etwas Vollkommeneres leisten als wir. Aber ein vollständiges *System* – ich glaube nicht, daß man darauf hoffen darf, denn niemals wird es gelingen, die Ordnung und die Abhängigkeit aller Teile des Universums zu erfassen."[1]

Die Frage nach der Möglichkeit eines *kompletten Systems* (selbstverständlich auf empirischer Grundlage) impliziert die Frage nach der absoluten Wahrheit. Die Aufklärung geht von der undialektischen Vorstellung aus, daß ein komplettes *System* (das heißt ein System, das den Anspruch auf Endgültigkeit erhebt) das für die Zukunft erstrebenswerte Ideal sei. Wie aber Engels im „Anti-Dühring" bemerkt, steht ein „allumfassendes, ein für allemal abschließendes System der Erkenntnis von Natur und Geschichte . . . im Widerspruch mit den Grundgesetzen des dialektischen Denkens; was indes keineswegs ausschließt, sondern im Gegenteil einschließt, daß die systematische Erkenntnis der gesamten äußern Welt von Geschlecht zu Geschlecht Riesenfortschritte machen kann".[2] Eine marxistische Alternative zu den nach absoluter Wahrheit strebenden vormarxistischen Systemen sieht Engels in einem „für unsere Zeit genügenden System der Natur".[3] Darunter versteht er, „ein übersichtliches Bild des Naturzusammenhangs in annähernd systematischer Form vermittels der durch die empirische Naturwissenschaft selbst gelieferten Tatsachen darstellen zu können". Dazu brauche man „die Resultate der Naturforschung nur *dialektisch*, d. h. im Sinn ihres eignen Zusammenhangs aufzufassen". In diese glückliche Lage wurde die Philosophie aber, wie Engels ausführt, erst durch die Erkenntnisse der Naturwissenschaft des 19. Jahrhunderts versetzt.

Im 18. Jahrhundert fehlte es nicht an Vorstellungen, wie das „komplette System" zu errichten sei. So geht Helvétius davon aus, daß alle bisher angestellten Beobachtungen kaum ausreichend seien, um ein paar „partielle Systeme" bilden zu können, geschweige denn das „système général"; dieses sei erst in den Griff zu bekommen, wenn die Zeit oder der Zufall den Philosophen „un fait général" in die Hände gespielt habe, auf das sich alle anderen Tatsachen beziehen ließen[4] –

1 Maupertuis, Essai de cosmologie, in: Œuvres, Dresde 1752, Préface: «Ce n'est pas qu'on ne soit parvenu à lier ensemble plusieurs Phenomenes, à les deduire de quelque Phenomene antérieur, et à les soumettre au Calcul: sans doute même les tems et l'expérience formeront dans ce genre quelque chose de plus parfait que tout ce que nous avons. Mais un Systême complet, je ne crois pas qu'il soit permis de l'espérer: Jamais on ne parviendra à suivre l'ordre et la dependance de toutes les parties de l'Univers.» – Siehe dt.: Maupertuis, Versuch einer Cosmologie, Berlin 1751, S. 4f.

2 F. Engels, Anti-Dühring, a. a. O., S. 24

3 F. Engels, Ludwig Feuerbach und der Ausgang der klassischen deutschen Philosophie, a. a. O., S. 295

4 Vgl. C.-A. Helvétius, De l'Esprit, in: Œuvres complètes, Bd. 1, Londres 1776, S. 45f. – Siehe dt.: C.-A. Helvétius, Vom Geist, Berlin und Weimar 1973, S. 96

eine Vorstellung, die offenbar als Verallgemeinerung der Methode, nach der Newton sein Gravitationsprinzip gefunden hat, die Aufklärer immer noch beeindruckt.

4.2. Für und wider hypothetische Systeme

Macht sich bis in die 2. Jahrhunderthälfte als Reaktion auf den *esprit systématique* die Tendenz bemerkbar, in der Naturforschung Experimente *anstelle* von Systemen – Systeme nicht nur im Sinne von rationalistisch-metaphysischen, sondern von Theorien aller Art – zu verlangen, so reift andererseits noch vor der Jahrhundertmitte die Erkenntnis heran, daß nicht ohne umfassende theoretische Vorüberlegungen experimentiert werden kann, daß diese *systémes* oder *hypothèses* in der Naturwissenschaft und -philosophie ihre Berechtigung haben. So gelangt Condillac zu dem Schluß, daß Hypothesen nicht pauschal als für die Erkenntnis der Natur unbrauchbar abzulehnen sind. Er räumt ein, daß sie unter bestimmten Voraussetzungen zu Prinzipien, das heißt zu „ersten Wahrheiten" werden können. Dazu gehört, daß sie durch Beobachtungen bestätigt sind und man alle denkbaren Hypothesen durchgespielt hat, bevor man sich für eine entscheidet. Diderots Gedanken gehen in dieser Richtung weiter. Er konkretisiert das Verhältnis von System und Experiment: beide bedingen einander. Den Satz von Helvétius „Man muß sich infolge des Experiments vorantasten und ihm niemals vorgreifen", kritisiert er mit dem Hinweis, daß man nicht ins Blaue hinein experimentiert, daß dem Experiment eine „idée systématique" vorausgeht, die dann mit Hilfe des Experiments überprüft werden muß.[1] Dabei darf die Theorie nicht gegenüber Ergebnissen blind machen, die sie nicht bestätigen – ein Argument, das in der ersten Jahrhunderthälfte bis zum Überdruß strapaziert worden ist; andererseits darf aber auch die Theorie („le système") nicht auf Grund von Experimenten leichtfertig aufgegeben werden, denn auch Experimente – und hier werden in der 2. Jahrhunderthälfte neue Akzente gesetzt – können auf den ersten Blick trügen.[2] Mitunter ist das Verhältnis von System und Experiment auch kein so geradliniges: Die „idées philosophiques de la philosophie rationnelle" können den Anstoß zu Experimenten geben, die nicht zu dem erhofften Ergebnis führen, dafür aber zu anderen Entdeckungen, die wertvoller sind als die Lösung des in Angriff genommenen Problems.[3]

1 Vgl. D. Diderot, Réfutation de l'Homme d'Helvétius, in: Œuvres complètes, éd. Assézat/ Tourneux, Bd. 2, Paris 1875, S. 349, 376. – Siehe dt.: D. Diderot, Fortlaufende Widerlegung von Helvétius' Werk „Vom Menschen", in: Philosophische Schriften, Bd. 2, S. 81, 108

2 Vgl. D. Diderot, Pensées sur l'interprétation de la nature, in: Œuvres complètes, éd. Assézat/ Tourneux, Bd. 2, S. 40. – Siehe dt.: D. Diderot, Gedanken zur Interpretation der Natur, a. a. O., Bd. 1, S. 449f.

3 Vgl. ebenda, S. 23. – Siehe dt.: Ebenda, S. 433

Die Bewertung hypothetischer Systeme ist aber, wie bereits angedeutet, noch recht uneinheitlich. Wenn auch Diderot für Systeme im Sinne von Arbeitshypothesen plädiert, ist die Skepsis gegenüber hypothetischen Systemen zur Erklärung von weiten Bereichen der Realität noch nicht überwunden. Beispielhaft für diese Haltung ist die Kritik an den Theorien Buffons.

Buffons Theorien wurden von der Mehrzahl der Aufklärer als *systèmes*, als Hypothesen aufgefaßt, als etwas nicht Bewiesenes, nicht durch Experimente Untermauertes und damit nicht recht Ernstzunehmendes. In diese Richtung gehen die Äußerungen, die sich in der „Correspondance littéraire" in dem Zeitraum von 1756 bis 1764 finden. So Grimm am 15. März 1762: „Ich verstehe durchaus die Leidenschaft für Systeme bei mittelmäßigen Geistern; aber bei einem Mann vom Format Buffons kann ich sie nicht begreifen."[1] Die Einwände gegen Buffons empirische Systeme hören sich genauso an wie diejenigen, die 30 Jahre zuvor gegen die rationalistisch-metaphysischen erhoben wurden: Die Fakten, die sich nicht in das leichtfertig errichtete Gedankengebäude („système") fügen, würden ignoriert oder so zurechtgebogen, daß sie sich ihm anpassen; vorschnell getroffene Verallgemeinerungen („systèmes") verstellten den Blick für neue Erkenntnisse; Hypothesen („systèmes") würden als unumstößliche Wahrheiten ausgegeben, und das, obwohl ein „esprit systématique" wie Buffon sehr hellhörig wäre, wenn andere Philosophen in die Fehler verfallen, denen er selbst nicht entgeht.

Zweifellos hatte Buffon mit einigen seiner Theorien, zum Beispiel der Theorie der organischen Moleküle, ein solches Urteil geradezu herausgefordert. Das Problem der Reproduktion des Lebens hatte er zu lösen versucht, ohne gesicherte empirische Ergebnisse anderer Biologen in seine Überlegungen einzubeziehen, und war dadurch zu falschen Schlüssen gelangt. Andererseits war aber gerade die Theorie der organischen Moleküle trotz einiger unrichtiger Hypothesen für die Entwicklung der Biologie von Bedeutung, weil sie die Produktivität der Organismen herausstellte; und das erfaßten Buffons Kritiker nicht. Ebenso entging ihnen das Zukunftsweisende der „Theorie der Erde", die freilich Spekulatives einschloß. Beim damaligen Forschungsstand ergab sich das aus der Natur der Sache. Doch vermittelten Buffons Hypothesen Denkanstöße, die die Wissenschaft vorantrieben. Das Faktensammeln, Beobachten und Experimentieren, wie es in der 1. Jahrhunderthälfte üblich war, konnte nicht sinnvoll fortgesetzt werden, ohne von Theorien begleitet zu sein. Grimm jedoch ist wieder anderer Meinung: „Vor allem machen Sie sich nie zu Interpreten der Natur, und seien Sie überzeugt davon, daß ein Kind, das kaum stammeln kann, nicht dazu ge-

1 D. Diderot/F. M. Grimm, Correspondance littéraire, philosophique et critique, adressée à un Souverain d'Allemagne, depuis 1753 jusqu'en 1790, Bd. V, Paris 1778, S. 56: « Je conçois à merveille la passion des systèmes dans les esprits médiocres; mais je ne puis la concevoir dans un homme du mérite de M. de Buffon. »

schaffen ist, in ihre Geheimnisse einzudringen. Sie zu erahnen, zu erraten, von ihrer Größe beeindruckt zu sein, das ist alles, was dem menschlichen Geist vergönnt ist."[1]

4.3. Eine neue Systemdefinition: Die Kausalstruktur der aufklärerischen Systeme

Da alle gegen die „Histoire naturelle" vorgebrachten Argumente mit dem Systembegriff operierten und ihn auch strapazierten, wo es nicht angebracht war, sah sich Buffon veranlaßt, im 2. Band der „Histoire naturelle des minéraux" (1783) seinen Systembegriff genau zu definieren und sein Streben zu rechtfertigen, die Totalität zu erfassen. Seine *Systemdefinition* unterscheidet sich von der über 30 Jahre zurückliegenden Condillacs dadurch, daß sie sich *allein auf den sensualistischen Systembegriff* bezieht. Dieser mußte von Condillac erst einmal von einem rationalistisch-metaphysischen Begriff abgegrenzt werden, der von Buffon überhaupt nicht mehr mitreflektiert wird. Der Autor rechnete damit, daß man seine neuen Theorien wiederum als Systeme in Mißkredit bringen würde und beugt dem vor: „... schließlich wird man zweifellos den trivialen und gegen Hypothesen oft wiederholten Einwand neuerlich vorbringen und viel Geschrei darum machen, daß in solider Naturwissenschaft weder Vergleiche noch Systeme vonnöten sind ... Dennoch ist leicht zu merken, daß wir alles nur durch Vergleich erkennen und über die Dinge und deren Beziehungen zueinander nur urteilen können, nachdem wir diese *Beziehungen in eine Ordnung gebracht, d. h. ein System errichtet haben.*"[2] Ein System wäre demnach dadurch zu gewinnen, daß man verschiedene Objekte miteinander in Beziehung setzt und diese Beziehungen richtig einordnet, Welcher Art diese sind, stellt sich sogleich heraus. Es ist eine *Ursache-Wirkungs-Relation,* wie wir sie bei allen Systemversuchen der Aufklärung finden: „Ziel des Naturphilosophen muß also sein, sich so hoch hinaufzuwagen, daß er aus einer einzelnen generellen Wirkung, die als Ursache angesetzt wird, alle partikulären Wirkungen ableiten kann."[3] Über ein solches lineares Kausalitätsdenken, zu dessen Grenzen sich Lenin äußert, ist die französische

1 Ebenda, S. 58: « Surtout ne vous faites jamais interprètes de la nature, et soyez persuadés qu'un enfant qui ne sait balbutier n'est point fait pour pénétrer dans ses mystères. Les entrevoir, les deviner, être frappé de leur grandeur, voilà tout ce qui est permis à l'esprit humain. »

2 Buffon, Histoire naturelle des minéraux, in: Œuvres philosophiques, a. a. O., S. 27: « ... enfin, l'on renouvellera sans doute l'objection triviale et souvent répétée contre les hypothèses, en s'écriant qu'en bonne physique il ne faut ni comparaisons ni systèmes ... Cependant il est aisé de sentir que nous ne connaissons rien que par comparaison et que nous ne pouvons juger des choses et de leurs rapports qu'après avoir fait une ordonnance de ces mêmes rapports, c'est-à-dire un système ... »

3 Ebenda: « Le but du philosophe naturaliste doit donc être de s'élever assez haut pour pouvoir déduire d'un seul effet général, pris comme cause, tous les effets particuliers. »

Aufklärung in der Systemdebatte nie hinausgelangt. Lenin stellt fest: „... der menschliche Begriff von Ursachen und Wirkung vereinfacht immer etwas den objektiven Zusammenhang der Naturerscheinungen, er spiegelt ihn nur annähernd wider, indem er diese oder jene Seiten des einen einheitlichen Weltprozesses künstlich isoliert." [1]

4.4. Das menschliche Wissen als ideelles System: Der enzyklopädische Systembegriff

Als Spezialfall des sensualistischen Systembegriffs wurde von den Herausgebern der „Enzyklopädie", Diderot und d'Alembert, der „enzyklopädische" Systembegriff entwickelt. Dieser will *ideelle* Objekte, nämlich die menschlichen Kenntnisse, in eine Ordnung bringen. Seinen empirischen Charakter teilt er mit dem klassifizierenden Systembegriff der Biologie. In der „Explication détaillée du système des connaissances humaines" wird das entworfene Klassifizierungsschema konsequent sensualistisch begründet: Die Objekte der Natur, sagt Diderot, wirken auf die Sinne. Die Eindrücke dieser Objekte verursachen Wahrnehmungen. Der Verstand verarbeitet diese auf dreierlei Weise, nämlich über das Gedächtnis, über die Vernunft und über die Vorstellungskraft. Entweder zeichnet er die Wahrnehmungen im Gedächtnis einfach auf, oder er untersucht und vergleicht sie und verarbeitet sie mit der Vernunft, oder aber er ahmt sie mit Hilfe der Vorstellungskraft nach. Dadurch also ergibt sich die Unterteilung der menschlichen Kenntnisse in „Geschichte", „Philosophie" und „Poesie". Eine weitere Untergliederung entsteht nun, wie Diderot ausführt, durch die Tatsache, daß es beinahe kein mit Hilfe der Sinne wahrgenommenes Objekt gibt, aus dem die Vernunft nicht eine Wissenschaft gemacht hätte. Dadurch gliedert sich die „Geschichte" in die „Kirchengeschichte", die „Geschichte der menschlichen Gesellschaft" und die „Naturgeschichte"; die „Philosophie" oder „Wissenschaft" in die „Wissenschaft von Gott", die „Wissenschaft vom Menschen" und die „Naturwissenschaft"; die „Dichtung" in „geistliche" und „weltliche" Dichtung. Für noch weitergehende Unterteilungen werden wieder andere Prinzipien entwickelt. Zum Beispiel wird in der „Dichtung" bezüglich der Gestaltungsweise zwischen einer „erzählenden", einer „dramatischen" und einer „parabolischen" unterschieden.

Wieso war es für die Enzyklopädisten notwendig, den soeben beschriebenen Systembegriff zu schaffen?

Die Autoren standen vor der schwierigen Aufgabe, das Wissen ihrer Zeit als Gesamtzusammenhang zu vermitteln. Praktisch war diese Aufgabe nur zu bewältigen, wenn sie den Wissensstoff, den sie vermitteln wollten, in Einzelartikeln so aufsplitterten, daß die Gefahr bestand, den Zusammenhang, auf den es ihnen

1 W. I. Lenin, Materialismus und Empiriokritizismus, in: Werke, Bd. 14, Berlin 1973, S. 151

gerade ankam, aus dem Auge zu verlieren. Dieser Nachteil war nur dadurch auszugleichen, daß Zusammengehöriges auch als solches gekennzeichnet wurde, entweder durch Verweise oder aber durch die Angabe der jeweiligen Wissensgebiete, mit denen der betreffende Artikel zu tun hatte. So folgt dem Stichwort ARGENT der Hinweis auf den Platz, den SILBER in der hierarchisch gegliederten enzyklopädischen Ordnung einnimmt. Die Angabe lautet: „Verstand. Vernunft. Philosophie oder Wissenschaft; Naturwissenschaft, Chemie, Metallurgie."

Für die Enzyklopädisten kam es darauf an, daß System der menschlichen Kenntnisse so zu strukturieren, daß sich, wie d'Alembert im „Discours préliminaire" betont, eine möglichst große Anzahl von Relationen zwischen den Wissenschaften ergab. Das von Bacon in „De dignitate et augmentis scientiarum" (1623) entwickelte Schema schien ihnen dafür, auf den neuesten Stand der Erkenntnis gebracht, die günstigsten Voraussetzungen zu bieten. Niemals aber traten sie mit dem Anspruch auf, ihrem Werk das einzig vertretbare oder beste aller möglichen Systeme der menschlichen Kenntnisse zugrunde gelegt zu haben.[1]

4.5. Die Natur als materielles System: Holbachs „Système de la nature", 1770

Mit der Einsicht des französischen Materialismus in den objektiven Systemzusammenhang der Natur kulminiert eine Entwicklung, die, wie gezeigt wurde, mit dem Rationalismus des 17. Jahrhunderts – besonders deutlich bei Malebranche – eingesetzt hat. Malebranche hatte Formulierungen gebraucht, die den Schluß zuließen, daß er die Welt mehr oder minder deutlich als System gedacht hat, als Totalität, deren Geschlossenheit und innere Einheit durch den einheitlichen göttlichen Willen, der sich im Schöpfungsakt kundgetan hat, bedingt war. Der Gedanke des Systemcharakters der Welt, der hier metaphysisch begründet war, wurde mit dem Kampf der Aufklärung gegen die Metaphysik für einige Jahrzehnte verschüttet; das heißt, die Aufklärer haben zunächst Systemdenken in Bausch und Bogen verworfen und die historische Leistung des Cartesianismus – den Systemcharakter der Welt erkannt zu haben – nicht begriffen. Da Systemdenken sozusagen nur als „verkehrtes" Systemdenken überliefert war – es hatte apriorische metaphysische Prinzipien zu seinem Ausgangspunkt und nicht die Phänomene der objektiven Realität –, hielten die Aufklärer in der ersten Jahrhunderthälfte zunächst Systemdenken prinzipiell für unangebracht. Das änderte sich, wie gesagt, erst seit 1740 langsam, als die empirischen Wissenschaften einen bestimmten Stand erreicht hatten; und es mußte sich ändern, denn mit einer bloßen Reihe von Einzelerkenntnissen war die Natur nicht

1 Vgl. « Encyclopédie », in: Encyclopédie ... — Siehe dt.: „Enzyklopädie", in: Artikel aus der von Diderot und d'Alembert herausgegebenen Enzyklopädie, S. 396–522

zu beherrschen, und die feudale Ideologie war letztlich nur durch ein geschlossenes bürgerliches Weltbild zu überwinden. Der Gedanke des Systemcharakters der Welt bricht sich Bahn, als man ihn materialistisch begründen zu können glaubt. Diderot deutet ihn als Problem in den „Pensées sur l'interprétation de la nature" an. Im „Rêve de d'Alembert" (verfaßt 1769) sieht er die Sache so: „Es gibt nur ein einziges großes Individuum, nämlich das Ganze. In diesem Ganzen gibt es wie bei einer Maschine oder irgendeinem Lebewesen einen Teil, den Sie so oder so nennen; aber wenn Sie diesen Teil *des Ganzen* als Individuum bezeichnen, geschieht das nach einem ebenso falschen Konzept, wie wenn Sie bei einem Vogel den Flügel oder eine Feder des Flügels als Individuum bezeichnen würden..."[1]

Den Menschen denkt sich Diderot folglich auch abhängig von diesem Ganzen. „Verändern Sie das Ganze", läßt Diderot d'Alembert sagen, „und Sie verändern unweigerlich mich."[2] Bei diesen hingeworfenen Bemerkungen Diderots bleibt es. Eine kohärente Theorie über den objektiven Systemcharakter der Natur entwickelt erst Holbach.

Im „Système de la nature" (1770) wird *nature* als „das große Ganze" definiert, „das aus der Zusammenfügung der einzelnen Stoffe, ihren verschiedenen Kombinationen und den verschiedenen Bewegungsarten resultiert, die wir im Universum sehen".[3]

Das besagt jedoch noch nicht viel. Wesentlicher ist, daß die so definierte Natur als System von Systemen und der Mensch als Teilsystem im Gesamtsystem Natur begriffen wird: „Jeder Mensch ist ein zusammenhängendes Ganzes, dessen einzelne Teile in einer notwendigen Verbindung stehen."[4] Der mechanischen Bewegung wird die Rolle zugewiesen, die Beziehungen zwischen dem Gesamtsystem („le tout") und den Teilsystemen („les parties") zu regeln:[5] „... durch die

1 D. Diderot, Le rêve de d'Alembert, in: Œuvres complètes, éd. Assézat/Tourneux, Bd. 2, S. 139: « In n'y a qu'un seul grand individu, c'est le tout. Dans ce tout, comme dans une machine, dans un animal quelconque, il y a une partie que vous appellerez telle ou telle; mais quand vous donnerez le nom d'individu à cette partie du tout, c'est par un concept aussi faux que si, dans un oiseau, vous donniez le nom d'individu à l'aile, à une plume de l'aile ... » — Siehe dt.: D. Diderot, D'Alemberts Traum, in: Philosophische Schriften, Bd. 1, a. a. O., S. 538

2 Ebenda, S. 138: « Changez le tout, vous me changez nécessairement. » — Siehe dt.: Ebenda, S. 537f.

3 D'Holbach, Système de la nature, Londres 1770, 1. Teil, S. 10: « ... le grand tout qui résulte de l'assemblage des différentes matieres, de leurs différentes combinaisons, et de differens mouvemens que nous voyons dans l'univers. » — Siehe dt.: D'Holbach, System der Natur oder Von den Gesetzen der physischen und der moralischen Welt, Berlin 1960, S. 17

4 Ebenda, S. 181: Chaque homme est un tout lié, dont toutes les parties ont une correspondance nécessaire. » — Siehe dt.: Ebenda, S. 135

5 Auffallend ist, daß Holbach kein materielles System als *système* bezeichnet, sondern entweder als tout bzw. *grand tout* (Gesamtsystem) oder als *partie* (Teilsystem). Wie erklärt sich das? Den Terminus *système* braucht er zur Bezeichnung bestimmter *Strukturebenen* innerhalb des materiellen Systems. — Vgl. ebenda, S. 10: « Les différentes propriétés de ces matières, leurs différentes combinasons, leurs façons d'agirsi variées, qui en sont des suites nécessaires, constituent

Bewegung geht das Ganze Beziehungen zu den Teilen ein und jene zu dem Ganzen; auf diese Weise ist alles im Universum miteinander verbunden."[1] So entsteht eine dialektische Wechselbeziehung: „Die Bewegungen der Einzelwesen hängen von der generellen Bewegung ab, die wiederum von der Bewegung der Einzelwesen erhalten wird."[2] Die Funktion („le plan général") des Gesamtsystems besteht darin, sich selbst, das heißt das Leben, zu erhalten; die der Teilsysteme ist ihr untergeordnet. Die „Teile" müssen ständig neue Relationen untereinander eingehen, um die Existenz des „Ganzen" zu gewährleisten.[3] Käme das geringste seiner Subsysteme aus dem Gleichgewicht, wäre der Fortbestand des gesamten Systems gefährdet. Das Subsystem aber würde seine Existenz aufs Spiel setzen, sobald es die Fähigkeit verlöre, „sich mit dem Ganzen zu koordinieren".[4] Dem *Système de la nature* wird also ein aktives Prinzip zugrunde gelegt; die ständige Veränderung erhält das Gleichgewicht („l'ordre") in dieser Konstruktion, die ein dynamisches materielles System widerspiegelt. Doch macht Holbach wesentlich nur die Gesetze der mechanischen Bewegung zum Regulator des Systems. Auf dieser Voraussetzung kann er zwar relativ leicht ein in sich geschlossenes, einheitliches System konstruieren, doch um den Preis, hinter die Erkenntnisse seiner eigenen Zeit zurückzufallen.

Denn spätestens seit der Jahrhundertmitte hatte sich die Biologie aus der Vormundschaft der Physik zu lösen versucht, weil sie zu dem Schluß gekommen war, daß die Mechanik zur Erforschung des Lebens nicht ausreichen konnte. Besonders Maupertuis und Buffon bereiteten die Erkenntnis vor, daß die lebende Materie anders strukturiert sein muß als die leblose. Mit seiner Theorie der organischen Moleküle macht der Autor der „Histoire naturelle" einen ersten Anfang zur Beschreibung dieser Struktur. Unmöglich, daß Holbach diese Entwicklung nicht zur Kenntnis genommen hätte. „Da aber beim damaligen Stand der Wissenschaften", stellt Manfred Naumann fest,[5] „die außermechanische Form der Bewegung vorerst noch mehr geahnt als in ihrem Wesen erkannt und im Konkreten gesetzlich gefaßt werden konnte, geriet d'Holbach in einen für ihn unüberwindbaren Widerspruch zu der Aufgabe, die er sich stellte." Er hatte sich vorgenommen, sein Wissen über die Natur in die Form eines Systems zu bringen, nicht nur weil er um den Charakter der Welt als materielles System wußte, sondern auch,

pour nous les *essences* des êtres; et c'est de ces essences deversifiées que résultent les différens ordres, rangs ou systêmes que ces êtres occupent, dont la somme totale fait ce que nous appellons *la nature.*» – Siehe dt.: Ebenda, S. 17

1 Ebenda, S. 50: «... c'est par le mouvement que le tout a des rapports avec ses parties et celles-ci avec le tout; c'est ainsi que tout est lié dans l'univers ...» – Siehe dt.: Ebenda, S. 46

2 Ebenda, S. 30: «Les mouvemens des êtres particuliers dépendent du mouvement général, qui lui même est entretenu par les mouvemens des êtres particuliers.» – Siehe dt.: Ebenda, S. 31

3 Vgl. ebenda, S. 54. – Siehe dt.: Ebenda, S. 49

4 Ebenda, S. 84. – Siehe dt.: Ebenda, S. 69

5 M. Naumann, Diderot und das «Système de la nature», in: Wiss. Ztschr. d. Humb.-Univ., Ges.-u. sprachwiss. Reihe, 1964, Heft 1/2

weil er fand, daß es wichtig wäre, den „irrigen Systemen des Aberglaubens" „wahrere, aus der Natur geschöpfte, auf Erfahrung gegründete" entgegenzusetzen.[1] Diese Aufgabe war aber nur zu bewältigen, wenn er, vielleicht wider besseres Wissen, dem System zuliebe die über einen *mechanischen* Materialismus hinausweisenden Gedanken der Biologie und Naturphilosophie beiseite schob und auch das Leben als mechanische Bewegungsform auffaßte. Trug er aber, wie in der Frage, ob der Mensch ein Produkt der Geschichte sei, moderneren Anschauungen Rechnung, so mußte er zugeben, daß dieses Problem noch einer exakten Beantwortung von einem materialistischen Standpunkt aus harrte und vorerst nur hypothetische Lösungen anzubieten waren. Dies barg aber das Eingeständnis in sich, daß sich das *System der Natur*, wenigstens partiell noch, auf einem vorwissenschaftlichen Niveau bewegte. Von hier aus wird verständlich, weshalb es *Diderot* nie unternommen hat, seine Gedanken zur Naturwissenschaft und -philosophie in die Form eines Systems zu bringen.

Holbachs „Système de la nature" ist dennoch der denkbar modernste Versuch der französischen Aufklärung, von der Kritik veralteter Systeme zur Aufstellung eines zeitgemäßen Systems überzugehen und den Systemcharakter der objektiven Realität in einem ideellen materialistischen Modell widerzuspiegeln.

4.6. Versuch einer Charakteristik des neuen aufklärerischen Systembegriffs

1. Pauschal kann man feststellen, daß der empirische Systembegriff der französischen Aufklärung zwar ein materialistischer, aber ein undialektischer war. Er war geprägt vom mechanischen Weltbild, das heißt von einem Weltbild, das von der Mechanik, der einzigen damals voll entfalteten Wissenschaft, bestimmt wurde. Dieser Tatbestand ist schon allein an den Bildern ablesbar, die verwendet wurden, um Systeme zu charakterisieren. Am häufigsten ist das eines Gebäudes zu finden. Innerhalb dieses Bildes wird dann das Grundprinzip des Systems mit „Fundament" umschrieben (z. B. in Diderots „Bijoux indiscrets").

Die Struktur eines Systems wird in der klassischen deutschen Philosophie, bei Kant und vor allem bei Schelling, mit Hilfe von Vergleichen aus der Biologie adäquater, weil dialektischer, wiedergegeben. Hier verbindet sich der Organismusgedanke mit der Systemvorstellung. So vergleicht Kant die Entwicklung eines Systems mit der eines tierischen Körpers, „dessen Wachstum kein Glied hinzusetzt, sondern, ohne Veränderung der Proportion, ein jedes zu seinen Zwecken stärker und tüchtiger macht".[2]

2. In der französischen Aufklärung wurden materielle Systeme unter dem Gesichtspunkt ihres *Seins*, nicht ihres *Werdens* betrachtet. Die Welt wurde höchstens

1 D'Holbach, Système de la nature, 1. Teil, a. a. O., S. 225. — Siehe dt.: D'Holbach, System der Natur, a. a. O., S. 167

2 I. Kant, Kritik der reinen Vernunft, Leipzig 1967, S. 840f.

als System von *Objekten* („faits", „choses", „phénomènes"), nicht aber von *Prozessen* erfaßt. Dieser Gesichtspunkt sollte erst mit der Ausarbeitung der dialektischen Methode in den Vordergrund rücken.

3. Das Begriffspaar, das die Systemterminologie beherrschte, *Teil* – *Ganzes* („les parties" – „le tout"), wurde ziemlich unreflektiert verwendet. Bis zur letzten Konsequenz reflektiert und in seiner Dialektik erfaßt wird es erst von Hegel.[1] Hegel definiert die komplizierten Wechselbeziehungen zwischen dem Ganzen und seinen Teilen – die spezifische Art der relativen Selbständigkeit beider (nämlich eine durch die andere Seite vermittelte Selbständigkeit) sowie ihr Aufeinanderangewiesensein, ihre gegenseitige Bedingtheit, ihr Aufgehobensein, ihre Vermitteltheit, ihr Ineinanderübergehen, ihre widersprüchliche Einheit, ihre Identität und auch wiederum Nicht-Identität.

4. Im System der Natur, wenn überhaupt ein solches gedacht wurde (Holbach), wird den qualitativen Unterschieden der Teilsysteme auf Grund des mechanischen Weltbildes noch keine Beachtung geschenkt.

5. Die französische Aufklärung ist von der Vorstellung beherrscht, jedes System müsse auf einem Grundprinzip basieren. Sie begnügte sich damit, dieses Grundprinzip zu suchen, das sie mit Hilfe von linearem Kausalitätsdenken finden wollte.

6. So etwas wie Zielstrebigkeit im Verhalten von Ganzheiten wurde nicht erkannt, wenn man von dem Streben nach Gleichgewicht der Teile, das Holbach Systemen zuspricht, absieht.

7. Der Systembegriff der französischen Aufklärung schließt die Vorstellung ein, es gälte, früher oder später zu einem *endgültigen System* („système complet") zu gelangen.

1 Vgl. G. W. F. Hegel, Wissenschaft der Logik. Zweiter Teil, Berlin 1971, S. 138–144

Camilla Warnke

Systemdenken und Dialektik in Schellings Naturphilosophie

Als der junge Schelling mit dem Anliegen die philosophische Szene betritt, die Wissenschaftslehre Fichtes um die seiner Meinung nach zu kurz gekommene „Konstruktion der Natur" ergänzen zu wollen, leistet er in Wirklichkeit theoretisch weitaus Bedeutungsvolleres. In der Formel: Die Natur ist gegenüber dem empirischen Ich als durchaus eigenständig und als mit diesem gleichberechtigt zu betrachten; Natur und Ich sind zwei ebenbürtige Aspekte des einen Absoluten, auf die Schelling – Fichte überholend – geführt wird, verbirgt sich ein philosophisches Naturverständnis, das in seiner Grundstruktur erstmalig das Naturverhältnis der industriell produzierenden Bourgeoisie zum Ausdruck bringt. Die Naturphilosophie des jungen Schelling ist somit progressiv.

Schelling findet unmittelbar den von Kant und Fichte geprägten Naturbegriff vor, der die Autonomie der Natur auf ihr Dasein als Ding an sich reduzierte bzw. in dem sich auch noch diese Reste eigenständiger Existenz verflüchtigt haben. Diesem tritt er mit dem Anspruch entgegen, der Natur ihre vom menschlichem Bewußtsein unabhängige Existenz zurückzuerstatten, aber nicht so, daß der Begriff der Natur im Rückfall auf die naive, vorkritische Position der frühbürgerlichen Erkenntnistheorie gewonnen würde.

Deren progressiver Gehalt hatte zweifellos darin bestanden, daß die vom christlichen Weltbild behauptete Bindung der Natur an Gott zunächst dadurch aufgelöst worden war, daß man ihre absolute Autonomie und Unabhängigkeit postulierte. Aber diese Naturkonzeption, die die bürgerliche Klasse in langwierigem Ringen und in vielfältigen Varianten von der Renaissancephilosophie bis zum französischen Materialismus hervorgebracht, verteidigt und abgesichert hatte, erwies sich in dem Maße als ungenügend, als die Bourgeoisie aus Keimen die ihr eigene Produktionsweise und, in Abhängigkeit davon, das ihr eigentümliche Verhältnis zur Natur zu entfalten begann.

Die auf industrieller Stufenleiter produzierende kapitalistische Gesellschaft, die in der Praxis ihrer Produktion ungeheure Naturkräfte bewußt und zielstrebig in ihre Dienste nahm,[1] die in das autonome Geschehen der Natur in einem Maße einzugreifen begann wie keine Gesellschaft vor ihr in der ganzen bisherigen menschlichen Geschichte, konnte bei einem Naturbegriff nicht stehenbleiben,

1 Vgl. K. Marx, Das Kapital, Erster Band, in: MEW, Bd. 23, Berlin 1962, S. 652

der Natur in absoluter Unabhängigkeit vom menschlichen Geist, vom Ich fixierte.

Daher finden wir vornehmlich Kant und Fichte damit beschäftigt, jenen frühbürgerlichen Naturbegriff in Frage zu stellen, die Autonomie der Natur durch das als allmächtig konzipierte Ich zunächst erneut aufzuheben oder abstrakt zu negieren. Und auf diesem Entwicklungsweg der bürgerlichen Naturkonzeption ist es Schelling, der ein neues Kapitel ihrer Geschichte eröffnet, der – die abstrakte Negation der naiven Naturauffassung noch einmal negierend – beides zu vereinigen weiß: die Idee von der Autonomie und Eigenständigkeit der Natur und die von Kant und Fichte entwickelte Idee, daß die produktive und konstruktive Tätigkeit des Menschen für die Konstitution der Realität, der Natur, verantwortlich zeichnet.

Erst Schelling findet den Weg zu jener Formel, die das Naturverhältnis der neuen Klasse auf den Begriff bringt, indem er „Natur" zugleich als autonom *und* als durch das Ich bestimmt definiert; erst Schelling bemüht sich, das Verhältnis des Menschen zu ihr als *Aneignungs*verhältnis zu fassen.

Den „Ideen zu einer Philosophie der Natur" stellt er der Behandlung der objektiven Naturprozesse folgende programmatische Erklärung voran: „Daß der Mensch auf die Natur selbsttätig wirkt, sie nach Zweck und Absicht bestimmt, vor seinen Augen handeln läßt und gleichsam im Werke belauscht, ist die reinste Ausübung seiner rechtmäßigen Herrschaft über die tote Materie, die ihm mit Vernunft und Freiheit zugleich übertragen wurde. Daß aber die Ausübung dieser Herrschaft *möglich* ist, verdankt er doch wieder der Natur, die er vergebens zu beherrschen strebte, könnte er sie nicht in Streit mit sich selbst und ihre eigenen Kräfte gegen sie in Bewegung setzen."[1]

In dieser Klarheit hat Schelling meines Wissens das seiner Naturphilosophie zugrunde liegende Naturverhältnis nie wieder bestimmt. Statt dessen hat er versucht, an diesem Leitfaden die Begriffe seiner Naturphilosophie zu bilden, das heißt diese so zu konstituieren, daß jeweils beide Seiten, sowohl die konstitutive Tätigkeit des Menschen in bezug auf sie als auch das Moment der praxis- und bewußtseinsabhängigen Objektivität ihres Inhalts, in den Begriff eingehen. Das Resultat dieser Methode ist jedoch nicht die von Schelling erhoffte Synthese der Bedeutungen, sondern oftmals eine eigentümliche Zwielichtigkeit und Zweideutigkeit der Begriffe, das Schwanken ihres Sinnes zwischen objektiv gemeinter Natur und den subjektiven Bedingungen ihrer Abbildung und Konstruktion.

Auf den ersten Blick könnte es nun so scheinen, als habe Schelling mit obigen Sätzen lediglich eine Trivialität ausgesprochen. Die Menschen haben schließlich immer zielstrebig auf die Natur eingewirkt, Naturkräfte in Bewegung gesetzt und genutzt, um ihre gesellschaftlichen Bedürfnisse zu befriedigen. Und sie haben diesen Sachverhalt in irgendeiner Weise stets auch reflektiert. Aber ebenso

1 F. W. J. v. Schelling, Ideen zu einer Philosophie der Natur, in: Werke, Erster Band, Leipzig 1907, S. 170

wie für die Arbeit gilt, daß sie in der Wirklichkeit Mittel zum Schaffen des Reichtums überhaupt geworden sein mußte, ehe man aufhören konnte, sie nur in ihrer *besonderen* Form zu denken, [1] ebenso gilt für die allgemeine begriffliche Bestimmung des Verhältnisses des Menschen zur Natur das folgende: In historisch vergleichsweise kurzer, überblickbarer Zeitspanne mußten massenhaft neue Naturkräfte entdeckt, erschlossen und in den Dienst der gesellschaftlichen Produktion genommen werden, ehe die Vielfalt der Naturkräfte zum allgemeinen Begriff der objektiven Natur zusammengedacht werden konnte. Dieser Vorgang setzt in der Renaissance ein und erreicht mit der durch das Kapital in Gang gesetzten industriellen Revolution eine höhere Stufe. Deren das Naturverhältnis des Menschen umwälzende Wirkung besteht aber meines Erachtens nicht in erster Linie darin, daß jetzt die Menge und Mannigfaltigkeit der verwerteten Naturkräfte sprunghaft ansteigen, sondern darin, daß sich die durch die traditionellen Werkzeuge *direkt* vermittelte Beziehung des Menschen zur Natur durch die Maschine in eine indirekte verwandelt. Der Mensch läßt – nach den zutreffenden Worten Schellings – die Natur in Streit mit sich selbst geraten, setzt ihre eigenen Kräfte gegen sie in Bewegung und zueinander ins Verhältnis. Er organisiert in der Maschine die Naturkräfte in *objektiv-selbsttätigen Systemen*; sich selbst aber zieht er gewissermaßen aus der Natur zurück, um sie als spiritus rector letzter Instanz desto sicherer und in einem auf direkte Weise nicht erreichbaren Ausmaß beherrschen zu können.

In Schellings Naturphilosophie ist von der Maschine und der Technik zwar nirgends die Rede, und Aneignung der Natur wird als intellektuell-theoretischer und nicht als praktischer Vorgang behandelt. Dennoch findet Schellings Naturbegriff, der zugleich die Merkmale „objektiv-selbsttätig" und „vom Menschen konstruiert" umfaßt, in ihnen seine wirkliche Entsprechung. Die Gebilde der Technik repräsentieren eine solche Natur, die nach der Seite ihres Inhalts Natur sind und bleiben, insofern sie auf die Natur wirkende Naturkraft sind, die nach der anderen Seite aber, in bezug auf ihre Form, durch und durch konstruktiver menschlicher Tätigkeit entspringen. Und auch erst eine so aufgefaßte Natur erweist sich als ein eigenständiges Reich der Fülle, als eine Mannigfaltigkeit von Bestimmungen und erschließt sich unter dem Vorzeichen des Widerspruchs der Betrachtung. Oder: die gesellschaftliche Voraussetzung dafür, daß das Bürgertum im Rahmen der ihm eigentümlichen Naturphilosophie dialektisches Denken entwickelt, besteht darin, daß es in der gesellschaftlichen Realität Naturkräften selbsttätig etwas zu leisten überträgt, das herkömmlicher Weise ausschließlich dem Menschen vorbehalten zu sein schien: nämlich *Arbeit*.

Der hier skizzierte Vorgang wird – wie schon gesagt – so nicht von Schelling reflektiert. Technik und Maschine sind kein Gegenstand seines Philosophierens, und die materiell-gegenständliche gesellschaftliche Arbeit bleibt außerhalb seines

1 Vgl K. Marx, Grundrisse der Kritik der Politischen Ökonomie (im folgenden: Grundrisse), Berlin 1974, S. 24f.

Gesichtskreises. Wenn er dennoch wesentlich dazu beiträgt, das Naturverhältnis der industriell produzierenden Bourgeoisie auf den Begriff zu bringen, so erschließt sich ihm dieses über die Beschäftigung mit Chemie, Elektrizitätslehre, Magnetismus, Biologie usw., in denen zu seiner Zeit gerade das wissenschaftliche Experiment in Mode kommt. Das Experiment aber teilt den Charakter der Technik überhaupt: durch aktiven, bewußten Eingriff des Menschen in die Natur Naturkräfte zur selbsttätigen Einwirkung aufeinander in Bewegung zu setzen.

Wenn es aber so ist, daß Naturkräfte in Selbsttätigkeit versetzt zu werden vermögen, dann kann die Kluft zwischen Natur und Geist nicht unüberbrückbar und absolut sein, dann muß die Natur von Gesetzen und Verhältnissen beherrscht werden, die denen des menschlichen Geistes analog sind und vice versa. Diese Schlußfolgerung jedenfalls zieht Schelling. Der absolute Unterschied zwischen Natur und Geist verwandelt sich bei ihm in einen bloß relativen; die Natur gilt ihm als „der sichtbare Geist" und der Geist als die „unsichtbare Natur". Und sein Verständnis für die Beziehung beider Sphären wird auf die spekulative Formel von der „absoluten Identität des Geistes *in* uns und der Natur *außer* uns" gebracht.[1]

Schelling geht es nicht mehr darum – und das unterscheidet ihn von seinen vorkritischen naturphilosophischen Vorläufern, das markiert die neue Epoche, in der das Industriekapital sein neuartiges Naturverhältnis auszubilden beginnt – „wie eine ... Natur außer uns wirklich geworden ist". Er verlangt vielmehr zu wissen, wie die *Beziehung* des Geistes zur Natur zu denken, wie „die Idee einer solchen Natur *in uns* gekommen sei ... Denn die Existenz einer solchen Natur *außer uns* erklärt noch lange nicht die Existenz einer solchen Natur *in mir*."[2] Ein Modell wie das der vorherbestimmten Harmonie nach der Vorstellung von Leibniz muß Schelling jedoch als veraltet verwerfen, da die in ihm postulierte Beziehung von Natur und Geist den Geist noch in einem rein *äußerlichen* Verhältnis zur Natur fixiert. Natur und Geist sind hier nicht so identisch, daß der eine Aspekt des Absoluten auch den anderen, daß die Natur den Geist mit Notwendigkeit auszudrücken vermöge. Sie sind identisch nur in einem Dritten, nämlich im Akt des Prästabilierens, aber außerhalb dieses Akts bleibt ihr Zusammenhang ein zufälliger.

Worauf es ankommt ist, nach Schelling, die Naturbeziehung des Menschen so zu formulieren, „daß die Natur mit den Gesetzen unseres Geistes (nicht) *zufällig* (etwa durch Vermittlung eines Dritten) zusammentreffe, sondern daß *sie selbst* notwendig und ursprünglich die Gesetze unseres Geistes nicht nur *ausdrücke*, sondern *selbst realisiere*, und daß sie nur insofern Natur sei und Natur heiße, als sie dies tut".[3]

Der Denkeinsatz und unverlierbare Beitrag des frühen Schelling zur Geschichte der Philosophie besteht also darin, an der theoretischen Bewältigung des Natur-

1 F. W. J. v. Schelling, Ideen ..., a. a. O., S. 152; vgl. auch S. 162f.
2 Ebenda, S. 151
3 Ebenda, S. 151f.

verhältnisses der zu industrieller Produktion übergegangenen Bourgeoisie in vorderster Linie und kräftig mitgewirkt zu haben. Es ist Schellings geniale Idee, die vorgefundenen scheinbar alternativen Naturkonzeptionen: Natur entweder als das Objektive und vom Menschen Unabhängige oder Natur als subjektive Setzung und Konstruktion in einer Synthese vereinigt zu haben, in der die gegensätzlichen, sich ausschließenden Standpunkte zu Momenten herabgesetzt sind. Und in erster Linie durch diese Leistung gehört auch Schelling zu den Vorläufern des Marxismus.

Die Einsicht des jungen Marx, daß der „Arbeiter nichts schaffen (kann) ohne die Natur",[1] die Natur aber auch erst durch die Produktion „*sein* Werk und seine Wirklichkeit wird",[2] findet in Schelling ihren spekulativen idealistischen Anfang. „Aneignung der Natur durch Arbeit", aber eben nicht wie bei Schelling durch bloß intellektuelle, sondern primär durch praktisch-gegenständliche Arbeit, durch die der Mensch sich „werktätig, wirklich verdoppelt und sich daher in einer von ihm geschaffenen Welt anschaut",[3] diese Einsicht hält den späteren Marxschen ökonomisch fundierten Erkenntnissen stand. Sie wird zum Leitfaden des Marxschen Materialismus und seiner materialistischen Geschichtstheorie überhaupt.

1. Aneignung der Natur vom Standpunkt des Citoyen

Wenn Schelling 1797 schreibt, daß des Menschen selbsttätiges Wirken auf die Natur „die Ausübung seiner rechtmäßigen Herrschaft über die tote Materie" sei, „die ihm mit Vernunft und Freiheit zugleich übertragen wurde", so liest sich das wie ein Kapitel aus der „Erklärung der Menschenrechte". Und in der Tat: Schelling formuliert in diesen Sätzen den Anspruch der Bourgeoisie auf Verfügbarkeit über die Natur. Und den Weg zu dieser Herrschaft modelliert er nach dem Muster des politischen Kampfes: Teile, entfache den Streit der entgegengesetzten Kräfte in der Natur, um sie beherrschen zu können! „Dies zu bewerkstelligen" – ist nach Schelling aber – „der Hauptkunstgriff, der in unserer Gewalt steht und dessen wir uns bedienen".[4]

Schellings Zuwendung zur Naturphilosophie ist also zunächst keineswegs romantische Flucht aus den politischen Kämpfen der Epoche in eine als harmonisch und „heil" vorgestellte Natur. Die Natur selbst ist vielmehr entzweit und durch menschlichen Eingriff entzweibar. Sie ist „Duplizität", „Dualität", „Entgegensetzung", „Entzweiung", „Zwiespalt". Der Umgang mit ihr verlangt kein

1 K. Marx, Ökonomisch-philosophische Manuskripte, in: MEW, Erg. Bd., Erster Teil, Berlin 1968, S. 512
2 Ebenda, S. 517
3 Ebenda
4 F. W. J. v. Schelling, Ideen . . ., a. a. O., S. 170

geringeres strategisches Vermögen als das, welches für die politischen Kämpfe der Zeit erforderlich ist.

Schellings Entwürfe zur Naturphilosophie entstehen im Zeitraum von 1797 bis 1800. Von Fichtes Naturauffassung unabhängig geworden und seines eigenen Naturbegriffs sicher, wendet sich Schelling nun der Natur zu, sofern sie die objektive, autonome, vom empirischen Subjekt unabhängige Sphäre des Absoluten ist, um ihre „vernünftige", gesetzmäßige innere Ordnung, die ihr eigentümliche Einheit und die ihr innewohnenden Entgegensetzungen zu ergründen, jene Voraussetzungen also zu klären, die die Herrschaft über die Natur ermöglichen. In dieser Periode entwickelt Schelling seine großartigen Einsichten in die objektive Dialektik der Natur, in dieser Periode entdeckt er auch ihren Systemcharakter.

Dabei verdankt Schelling seinem revolutionären Anliegen meines Erachtens nicht nur die Idee, daß die Natur sich im Widerstreit der Kräfte befindet, sondern auch die methodische Kühnheit, mit der er an sein Programm: Naturerkenntnis zum Zwecke der Naturbeherrschung herangeht. Wie die neue gesellschaftliche Wirklichkeit durch die Französische Revolution in einem einzigen Akte geschaffen wurde, so soll der neuen bürgerlichen Gesellschaft auch das Ganze der Natur, *ihre* Natur in einem einzigen kühnen Anlauf verfügbar gemacht werden. Und wenn Schelling diese „Natur" als Ganzes a priori und spekulativ konstruiert, anstatt sich ihr in gesicherten und verifizierbaren Einzelschritten nähern zu wollen, so liegt das nicht etwa nur daran, daß zu Schellings Zeiten zur Einheit der Naturbetrachtung auf naturwissenschaftlichem Wege nicht zu gelangen war. Es ist auch Ausdruck dessen, daß Schelling Natur gleichsam vom Standpunkt des Citoyen betrachtet.

Ebensowenig wie sich aus dem Blickwinkel des Citoyen das allgemeine Interesse als identisch mit der Gesamtheit der vielen Einzelinteressen erweist, ebensowenig glaubt Schelling – obwohl er diese zur Kenntnis nimmt und für seine Naturdialektik zu nutzen weiß –, daß die Gesamtheit der Einsichten der analytisch verfahrenden Naturwissenschaften für sich genommen mit dem gesuchten allgemeinen Begriff der Natur je identisch sein kann. Die Natur als ganze oder als allgemeine zu begreifen, bedarf nach Schelling des nichtanalytischen philosophischen Denkens, bedarf der Reflexion der „Duplizität" oder des Widerspruchs. Und ein so gewonnener Begriff der Natur oder die Naturdialektik ist den naturwissenschaftlichen Erkenntnissen immer schon vorzuordnen.

Wir sind hier mit einem bemerkenswerten Faktum konfrontiert. Ausgerechnet im industriell rückständigen Deutschland entsteht jenes Naturverständnis, das die Naturbeziehung der industriell produzierenden Bourgeoisie theoretisch fixiert, während in jenen Ländern, in denen diese Industrialisierung praktisch in Gang gekommen ist, wie z. B. in England, diese Reflexion unterbleibt.

Jedoch ist dieser historische Sachverhalt so befremdlich nicht. Dort nämlich, wo sich die materielle bourgeoise Tätigkeit auf industrieller Stufenleiter und als Kapitalismus der freien Konkurrenz kräftig zu entfalten beginnt, wo das neue

Naturverhältnis bereits *realisiert* wird, muß es nicht mehr ausdrücklich *gedacht* werden. Dort kommt es vielmehr darauf an, die Kenntnis einzelner Naturzusammenhänge voranzubringen; dort wird Naturwissen vornehmlich unter dem Vorzeichen seiner Nützlichkeit, Anwendbarkeit und praktischen Verwertbarkeit interessant. Dazu aber bedarf es keines Begriffs vom Gesamtzusammenhang der Natur, sondern man kann sich mit der positivistischen Interpretation naturwissenschaftlicher Erkenntnisse begnügen.

Anders liegen die Verhältnisse im zurückgebliebenen Deutschland. Hier setzt die industrielle Entwicklung erst nach 1848 ein und mit ihrer praktischen Verwirklichung auch die Tendenz zu positivistischer Denkweise. Jetzt erst zieht hier – wie Engels schreibt – die Spekulation aus der Studierstube aus, „um ihren Tempel zu errichten an der Fondsbörse", und jetzt ging auch „dem gebildeten Deutschland jener große theoretische Sinn verloren, der der Ruhm Deutschland während der Zeit seiner tiefsten politischen Erniedrigung gewesen war"; jetzt kommt es auch hier allein darauf an, „ob das erreichte Resultat praktisch verwertbar war oder nicht".[1]

Schellings Naturphilosophie datiert vor diesem Vorgang. Und sie verdankt – wie andere Einsichten der klassischen bürgerlichen deutschen Philosophie auch – ihre theoretische Höhe eben der historischen Unentwickeltheit der gesellschaftlichen Verhältnisse, die es gestatten, den real sich vollziehenden Vorgang per distance zu denken, ihn unabhängig von seinen empirisch konstatierbaren Erscheinungen auf seinen allgemeinen Begriff zu bringen.

Aber dieser Distanz von der profanen Praxis sind gleichzeitig die illusionären Züge des von Schelling fixierten Naturbegriffs geschuldet. Worin diese bestehen, beginnt Schelling unter dem Einfluß des Jenenser Romantikerkreises nach 1800 selbst zu ahnen. Er begreift, daß jene Herrschaft des Menschen über die Natur, die er für „rechtmäßig" erklärt hatte, unter dem Vorzeichen der bornierenden Arbeitsteilung realisiert wird, während er sich von eben dieser Herrschaft die Versöhnung von Geist und Natur, die Humanisierung der Natur und die Naturalisierung des Menschen erhofft hatte.[2] Und in den akademischen Reden von 1803 begegnet uns bereits ein Schelling, der heftig gegen das vom Nützlichkeitsprinzip geleitete und auf arbeitsteilige Spezialisierung ausgerichtete Studium der Naturwissenschaften polemisiert.[3]

Schelling befindet sich also in einem eigenartigen Widerspruch. Er, der wesentlich an der Ausarbeitung des Naturverhältnisses der auf industrieller Stufenleiter produzierenden Bourgeoisie beteiligt ist, wendet sich erbittert gegen jene

1 F. Engels,, Ludwig Feuerbach und der Ausgang der klassischen deutschen Philosophie, in: MEW, Bd. 21, Berlin 1973, S. 306

2 Vgl. F. W. J. v. Schelling, Ideen . . ., a. a. O., S. 108ff.

3 Vgl. F. W. J. v. Schelling, Vorlesungen über die Methode des akademischen Studiums, in: Werke, Zweiter Band, Leipzig 1907, S. 562, 566, 588ff. – Zur Einordnung von Schellings Naturphilosophie in seine philosphische Entwicklung vgl. M. Buhr/G. Irrlitz, Der Anspruch der Vernunft, Berlin 1968, bes. S. 145ff.

Entwicklung, die aus dem Naturverhältnis eben dieser Bourgeoisie notwendig folgt. An diesem Widerspruch aber zeigt sich deutlich, daß Schellings Naturphilosophie die illusionären und idealistischen Züge der verselbständigten Citoyen-Ideologie trägt. Wie dieser Standpunkt das Allgemeininteresse vom Einzelinteresse trennt und es diesem vorordnet, so will Schelling den Naturwissenschaften erklärtermaßen einen neuen allgemeinen Begriff der Natur vorgeben. Dieser aber wird von ihm als von den einzelwissenschaftlichen Erkenntnissen letztlich unabhängiges Interpretationsmuster gedacht, durch das alle bisherigen naturwissenschaftlichen Daten und Begriffe ihren Platz in einem neuen Ganzen erhalten und ihre Wertung und Umwertung erfahren. Und dieser neue Begriff der Natur muß *a priori* vorausgesetzt werden.

Schelling stellt daher der Naturphilosophie expressis verbis diese Aufgabe voran, ja er identifiziert sie mit dieser, wenn er fordert: „... eine Philosophie der Natur *solle* die Möglichkeit einer Natur, d. h. der gesamten Erfahrungswelt aus Prinzipien ableiten."[1] Und an anderer Stelle: „Mein Zweck (ist) nicht, Philosophie auf Naturlehre *anzuwenden* ... Mein Zweck ist vielmehr, die Naturwissenschaft selbst philosophisch erst *entstehen* zu lassen, und meine Philosophie ist selbst nichts anderes als Naturwissenschaft. Es ist wahr, daß uns Chemie die *Elemente*, Physik die Silben, Mathematik die *Natur lesen* lehrt; aber man darf nicht vergessen, daß es der Philosophie zusteht, das Gelesene *auszulegen*."[2]

Ebensowenig wie Philosophie auf Naturlehre nachträglich „anzuwenden" sei, habe sie Natur kausal zu „erklären". Wir lesen bei Schelling: „In der Naturphilosophie finden Erklärungen so wenig statt als in der Mathematik; sie geht von den an sich gewissen Prinzipien aus, ohne alle ihr etwa durch die Erscheinungen vorgeschriebene Richtung; ihre Richtung liegt in ihr selbst, und je getreuer sie dieser Richtung bleibt, desto sicherer treten die Erscheinungen von selbst an diejenige Stelle, an welcher sie allein als notwendig eingesehen werden können, und diese Stelle im System ist die einzige Erklärung, die es von ihnen gibt."[3]

Philosophische Auslegung repräsentiert also einen „höheren" und anderen Erklärungstyp als den kausalen. Dieser kann es nie zur Anschauung und Erkenntnis des Ganzen der Natur bringen – worin jedoch die Aufgabe der Philosophie besteht –, weil sich das Denken, das in linearer Abfolge von Naturtatsache zu Naturtatsache fortschreitet, ins schlechte Unendliche verliert; und er vermag auch nicht die Notwendigkeit einer Sache nachzuweisen, weil kausales Denken nicht fähig ist, ihren Stellenwert im Ganzen zu bestimmen, woraus allein ihre Notwendigkeit resultiert. Der „höhere" Erklärungstyp, der der legitime der Naturphilosophie ist, ist Systemdenken, ist Erklärung einer Sache aus ihrem Zusammenhang, mittels ihres Platzes und ihrer Funktion in einer übergeordneten Struktur, welche ontologisch und erkenntnistheoretisch ihren Teilen oder Ele-

1 F. W. J. v. Schelling, Ideen ..., a. a. O., S. 107
2 Ebenda, S. 102
3 Ebenda, S. 166f.

menten vorausgeht. Die „Organisation" oder das „System" präexistiert als Ganzes vor ihren Teilen: „... nicht das Ganze konnte aus den Teilen, sondern die Teile mußten aus dem Ganzen entspringen."[1] Und die a priori vorauszusetzende Idee einer Natur überhaupt impliziert ihre Existenzweise als System. Oder Naturphilosophie ist wesentlich Systemtheorie.

Schellings Absage an die Kausalität, die diese ihrer vom Mechanizismus verliehenen Rolle als naturimmanenter Determinationsweise überhaupt beraubt, ist zunächst in keiner Weise als Zugeständnis an den Idealismus oder Irrationalismus aufzufassen. In der Phase seiner Naturphilosophie geht es Schelling noch nicht um eine von ihren rationalen Momenten und Verstandesoperationen gereinigte Ganzheitsschau. Vielmehr kündigt sich unter dem Titel „Organisation" und „System" der Versuch an, die von Kant kenntlich gemachte Krise des mechanizistischen Determinismus zu überwinden, ohne daß das ihn tragende Prinzip, die Natur aus keinen anderen als aus naturimmanenten Ursachen zu erklären, verlorengeht.

Die von Schelling und Hegel gefundene Lösung des Problems besteht in der Idee der Organisation oder des Systems, welche einen Determinationstypus repräsentiert, bei dem die kausale Determination zugleich aufgehoben und aufbewahrt ist. Zwar bleibt sie in Kraft, aber könnte sie die ihr eigentümliche Tendenz entfalten, so würde sie in ihrer maßlosen und richtungslosen Bewegung ins schlechte Unendliche jede Ordnung zerstören oder verhindern und das Chaos heraufbeschwören. Die Natur und die Welt überhaupt sind aber augenscheinlich geordnet, was voraussetzt, daß der genannten Tendenz eine Gegentendenz entgegenwirkt, welche jenen Regreß ins schlechte Unendliche verhindert, nicht indem sie die kausale Bewegung vernichtet, sondern indem sie sie richtet und organisiert.

Die reale gesellschaftliche Situation, die sich in diesen Vorstellungen ausdrückt und mittels der Naturrechtsproblematik in die Naturphilosophie hineinwirkt, ist der von der bürgerlichen Klasse zu bewältigende Widerspruch, daß die von privatem Eigennutz getriebenen warenproduzierenden und – tauschenden Individuen zwar die die bürgerliche Gesellschaft bewegende und bedingende Kraft, „die Grundlage ihres Bestehens" sind.[2] Sie sind es aber nur dann, wenn ihre den gesellschaftlichen Zusammenhang auflösende egoistische Natur dem politischen Ganzen der Gesellschaft, dem gemeinsamen bürgerlichen Klasseninteresse untergeordnet wird.

Neu ist also die Art und Weise, wie das Verhältnis des Einzelnen zur Gesellschaft vorgestellt wird: nicht länger feudalistisch, so daß der Einzelne durch ein übergeordnetes Allgemeines bestimmt und dirigiert würde. Nicht länger auch vom Standpunkt des isolierten bourgeoisen Individuums, wonach Subsumtion

1 F. W. J. v. Schelling, Einleitung zu dem Entwurf eines Systems der Naturphilosophie, in: Werke, Erster Band, a. a. O., S. 691

2 Vgl. K. Marx, Zur Judenfrage, in: MEW, Bd. 1, Berlin 1974, S. 369

des Einzelnen unter ein Allgemeines gar nicht statthat, sondern aus der Bewegung der vielen Einzelnen als Summe ein Ganzes resultieren soll. Die Notwendigkeit, das vereinzelnde bourgeoise Leben **als** Grundlage und Triebkraft der gesellschaftlichen Entwicklung einerseits zu akzeptieren, dieses aber gleichzeitig unter die gemeinsamen Bedürfnisse der Bourgeoisie als Klassensubjekt zu subsumieren, schafft die Begriffe des Systems und der Organisation, die Dialektik von Ganzem und Teil. Insofern das zu behauptende Allgemeine jetzt auch von den vielen Einzelnen abhängt, die damit als Einzelne ihm gegenüber eine relative Selbständigkeit behalten, wird es zum Ganzen, zum System oder zur Totalität, und das Einzelne verwandelt sich in den Teil. Die Subsumtionsaufgabe der neuen Gesellschaft aber besteht nicht darin, die vielen Einzelnen auszuschalten, von ihnen zu abstrahieren, sondern die aus ihrem Tun resultierende chaotische Bewegung zu *organisieren.*

So wird vor dem Hintergrund der spezifischen Klassensituation der Bourgeoisie nach dem Sieg der Französischen Revolution, im Zeitalter der zum politischen Gemeinwesen (zur Nation) zu organisierenden bürgerlichen Gesellschaft, das mit dem Namen Napoleons verknüpft ist, von der klassischen bürgerlichen deutschen Philosophie, von Schelling und Hegel, der Begriff der abstrakten Allgemeinheit in dem der Totalität oder des Systems aufgehoben. Hand in Hand damit werden höhere und kompliziertere Abhängigkeitsverhältnisse als die der linearen Kausalität entdeckt. Und wenn Schelling das Ganze dem Teil, das System den Elementen, die Organisation dem Mechanismus ontologisch und erkenntnistheoretisch vorordnet, so zeigt das an, daß seine Theorie vom Standpunkt des Citoyen konzipiert ist.

2. Die Natur als Produktivität

„Die Intelligenz ist auf doppelte Art, entweder blind und bewußtlos, oder frei und mit Bewußtsein produktiv", lautet der erste Satz von Schellings „Einleitung zu dem Entwurf eines Systems der Naturphilosophie".[1] Wie das menschliche Selbstbewußtsein die Sphäre der *bewußten,* so ist die Natur die Sphäre der *bewußtlosen* produktiven Intelligenz. Damit wird auch die Natur als ein *Selbst* bestimmt, als ein eigenständiges *Subjekt,* das wie das intelligente Ich seine ideellen, seine materiellen Produkte aus sich selbst hervorbringt. Keine Frage, daß das, was man gemeinhin als Naturgegenstände, als Objekte der physikalischen, chemischen und biologischen Welt bezeichnet, zum Bereich der Natur gehört; aber diese Objekte betrachtend, verharren wir in der Sphäre des Erscheinenden, Bedingten und Abgeleiteten, die Schelling auch als die Ebene des *Seins* bezeichnet.[2]

1 F. W. J. v. Schelling, Einleitung . . ., a. a. O., S. 683
2 Vgl. F. W. J. v. Schelling, Erster Entwurf eines Systems der Naturphilosophie, in: Werke Zweiter Band, München 1927, S. 12

Aber das endlich gefundene authentische Naturverständnis verlangt, diese (stofflichen, materiellen) Objekte als *Produkte* aufzufassen, die aus der produktiven Tätigkeit der Natur als aus ihrer *unbedingten* Quelle entspringen. Der Natur kommt somit nicht nur *neben* anderen ihr innewohnenden Eigenschaften auch noch die zu, tätig zu sein, sie *ist* – genauso wie das empirische und absolute Ich – ihrem Wesen nach „nichts anderes als das Construiren selbst", als „die höchste construirende Tätigkeit, die, obgleich selbst nie Objekt, doch Princip alles Objektiven ist". Daher soll „der Begriff des Seyns als eines Ursprünglichen ... aus der Naturphilosophie ... schlechthin eliminiert werden".[1] Und die Sichtweise, Natur über ihre Produkte erschließen zu wollen, die der Zugang der empirischen Naturforschung und (mit Ausnahme von Spinoza) der der alten Naturphilosophie und Metaphysik war, muß durch eine neue, die bisherige Sichtweise umkehrende Philosophie ersetzt werden. „Die *Natur* als bloßes Produkt (natura naturata)" – heißt es bei Schelling mit Spinoza – „nennen wir Natur als *Objekt* (auf diese allein geht alle Empirie). Die Natur als *Produktivität* (natura naturans) nennen wir *Natur als Subjekt* (auf diese allein geht alle Theorie)."[2]

Der Sinn dieser Umkehrung der Sichtweise aber ist kein geringerer als der, das mechanizistische Weltbild, dessen Grenzen als erster Kant in seinen „Kritiken" markiert hatte, konstruktiv zu überholen. „Philosophiren über die Natur" bedeutet daher für Schelling – „sie aus dem todten Mechanismus, worin sie befangen erscheint, herausheben, sie mit Freiheit gleichsam beleben und in eigene freie Entwicklung versetzen – heißt mit anderen Worten, sich selbst von der gemeinen Ansicht losreißen, welche in der Natur ... höchstens das Handeln als *Faktum*, nicht das Handeln selbst im Handeln ... erblickt."[3]

Schellings Umkehrung der Sichtweise ist radikal. Sie ist Verkehrung der alten Ontologie in ihr Gegenteil. Während nämlich in dieser die *Dinge* als Natursubjekte gesetzt waren, insofern alle Wirkungen und jede Bewegung von ihnen ausging, die Aktionen Äußerungen der Dinge waren und die Zusammenhänge von den Dingen getragen und bestimmt wurden, verhält sich die Sache für Schelling gerade umgekehrt.[4] Die Dinge sind Äußerungen der Aktionen, sie sind Relata in Relationsgefügen, Stellen in Funktions- oder Wirkungszusammenhängen, die ihnen übergeordnet sind und vorausgehen, insofern sie sie erst zu dem bestimmen, was sie sind. Und hinter ihrer Identität mit sich selbst schließlich, ihrem Beharren, das in der alten Ontologie im Begriff des Seins ausgedrückt wurde, verbirgt sich „eigentlich ein kontinuierliches und gleichförmiges Wiederentstehen", ihre identische Reproduktion.[5]

1 Ebenda
2 F. W. J. v. Schelling, Einleitung ..., a. a. O., S. 696
3 F. W. J. v. Schelling, Erster Entwurf ..., a. a. O., S. 13
4 Vgl. P. Ruben, F. W. J. Schelling und die romantische deutsche Naturphilosophie, in: St. Dietzsch (Hrsg.), Natur-Kunst-Mythos, Berlin 1978
5 Vgl F. W. J. v. Schelling, Einleitung ..., a. a. O., S. 696

Das Prinzip seiner Philosophie nennt Schelling „Princip der dynamischen Atomistik".[1] Auch mit diesem kehrt er bisher Gültiges um. An die Stelle der Atome, die für das mechanistische Weltbild die letzten Bezugseinheiten der materiellen Dinge waren, setzt Schelling „ursprüngliche Aktionen",[2] die „nicht als Theil der Materie angesehen werden" können und die, „obgleich selbst nicht im Raume, doch Princip aller Raumerfüllung"[3] sind. Das „Constitutive der Materie" sind also nicht „Einheiten des Produkts, sondern der Produktivität", Einheiten „reiner Intensität",[4] und jede Qualität und Materie ist „nichts anderes als ein bestimmter Grad von Aktion".[5] Wie für den Atomistiker die Dinge Kombinationen aus Atomen, so sind sie für Schelling im Produkt erscheinende Kombinationen ursprünglicher Aktivitäten: „Alle Verschiedenheit der Naturprodukte kann nur von der verschiedenen Proportion der Aktionen herrühren."[6] Ging im atomistischen Weltbild die Materie der Bewegung, so geht bei Schelling die Bewegung der Materie voraus.

Die kurz skizzierte Konstitution seines positiven a priori zu setzenden Entwurfs der „Natur" vollbringt Schelling also durch das einfache methodologische Mittel, daß er die Aussagen der nominalistischen Ontologie umkehrt. Was in diesen Subjekt war, wird bei Schelling Prädikat und umgekehrt.

Aber dieser eben allzu einfache „Trick", der erkenntnistheoretisch nichts anderes als die abstrakte Negation der alten Ontologie ist (die von Schelling beseitigt wird, ohne daß er ihren Gehalt an relativ gültigen Erkenntnissen aufbewahrte), wird, obwohl gerade durch sie zunächst ein gewaltiger Schritt in Richtung einer dialektischen Naturauffassung erfolgt, die Dialektik Schellings zu einer möglichen Durchgangsstufe zum Irrationalismus machen. Weil Schelling die Aussagen der nominalistischen Ontologie abstrakt negiert, wird er – ebenso wie diese die Dinge verabsolutiert hatte – das Ganze gegenüber dem Teil, die Bewegung gegenüber der Materie, die Zusammenhänge gegenüber den Dingen usw. verabsolutieren und verselbständigen und sie so – der analytischen Erschließung entziehend – der intuitiven Ganzheitsschau überantworten.

Aber ungeachtet kritischer Einwände, die von der Stufe einer weiter entwickelten Dialektik aus erhoben werden müssen, ist es jedenfalls zunächst Schelling, der, indem und weil er die Natur als tätiges Subjekt und Selbst auffaßt, die Einsicht in den dialektischen Charakter der Wirklichkeit sprunghaft auf eine qualitativ höhere Stufe hebt und Systemdenken auf dieser Basis als dialektisches Systemdenken konzipiert.

Das soll heißen: Struktur und System werden von Schelling (und Hegel)

1 Vgl. ebenda, S. 705; F. W. J. v. Schelling, Erster Entwurf ..., a. a. O., S. 22
2 Vgl. ebenda
3 Vgl. ebenda, S. 23
4 Vgl. ebenda, S. 22, Anmerkung
5 Vgl. ebenda, S. 26; F. W. J. v. Schelling, Einleitung ..., a. a. O., S. 704
6 F. W. J. v. Schelling, Erster Entwurf ..., a. a. O., S. 34

von dem sie bedingenden Prozeß her begriffen. Struktur ist für sie gewissermaßen geronnene Dynamik und für Hegel – sofern das Reich der Natur überschritten wird – auch geronnene Geschichte.

3. Polarität, Duplizität, Triplizität

Wenn wir die Qualität und den Grad an Dialektik bestimmen wollen, die in Schellings Naturphilosophie erreicht worden sind, dann tun wir gut daran zu fragen, ob und inwiefern er zum „Kern der Dialektik", zum Widerspruch, vorgedrungen ist.

Zunächst fällt auf, daß Schelling diesen Terminus, der dann bei Hegel eine so große Rolle spielen wird, sehr selten verwendet, statt dessen von „Duplizität", „Dualität", „Entgegensetzung", „Gegensatz", „Heterogeneität", „Entzweiung", „Zwiespalt" spricht, um nur die am häufigsten auftretenden Termini zu nennen.[1]

Schellings Verhältnis zum Widerspruch, das heißt Schellings Auffassung davon, was dieser eigentlich sei, und die Aufmerksamkeit, die er ihm widmet – zwei bei Schelling eng zusammenhängende Probleme –, durchläuft in der Periode seiner Naturphilosophie eine Entwicklung.

In den 1797 verfaßten „Ideen zu einer Philosophie der Natur", mit denen Schellings Naturphilosophie einsetzt, liegt das Schwergewicht bei der Bestimmung dessen, was Natur eigentlich sei, auf ihrer Duplizität, auf dem Antagonismus der Naturkräfte, wobei Duplizität noch häufig die Bedeutung von „Polarität" hat,[2] als unvermittelter Gegensatz aufgefaßt wird nach dem Modell, wie Magnetismus und Elektrizität polarisierte Naturerscheinungen sind. Die Duplizitätsverhältnisse der organischen Natur sind hier noch nicht aufgeklärt, und die Tendenz der Natur, zum Gleichgewicht zu streben – wiewohl von Schelling von Anfang an als a priorisches Naturprinzip gesetzt –, steht nicht im Zentrum der Betrachtung.

In der weiteren Entwicklung seiner Naturphilosophie zeichnet sich jedoch die Tendenz ab, dem Gleichgewicht des Entgegengesetzten eine größere Bedeutung einzuräumen. Wenn es auf den ersten Blick auch so scheinen könnte, als gebe Schelling damit bereits errungene Einsichten in die Dialektik wieder preis, so liegen die Verhältnisse doch wesentlich komplizierter. Nicht zuletzt dadurch, daß die Dialektik der biologischen Organismen ins Zentrum von Schellings naturphilosophischen Spekulationen rückt, ja zum Modell des Naturganzen überhaupt avanciert (am ausgeprägtesten im „Ersten Entwurf eines Systems der Naturphilosophie" 1799), bildet Schelling die äußerliche Entgegensetzung in Richtung auf eine authentische Fassung des Widerspruchs fort. Die Entgegenge-

1 Vgl. W. Hartkopf, Studien zur Entwicklung der modernen Dialektik. Die Dialektik in Schellings Ansätzen zu einer Naturphilosophie, Meisenheim a. Glan 1972, S. 48f.

2 Vgl. ebenda, S. 54f.

setzten setzen nun einander voraus, sind unauflöslich aneinander gebunden. Sie sind „Duplizität in der Identität": „So nämlich wie der Organismus *Duplicität in der Identität* ist, so ist es auch die Natur."[1] Umgekehrt sind die Entgegengesetzten aber auch identisch, und es herrscht in der gesamten, auch in der nichtorganischen Natur „Identität in der Duplicität",[2] „Entzweiung in der Einheit und Einheit in der Entzweiung", [3] „Heterogeneität in der Homogeneität und Homogeneität in der Heterogeneität".[4]

Hand in Hand mit diesem Vorgang, in dem der zur gültigen Formulierung des dialektischen Widerspruchs unerläßliche Identitätsbegriff mit dem Gegensatzbegriff zusammengenommen wird, tritt die Tendenz in den Vordergrund, der Synthese des Entgegengesetzten, dem Ausgleich der Gegensätze, dem Gleichgewicht größeres Augenmerk zu widmen. Das findet seinen Ausdruck vor allem in Schellings Potenzlehre,[5] die die unterschiedlichen Produkte der Natur – die anorganischen (wie elektrische, magnetische), die chemischen und organischen – aus unterschiedlichen Verknüpfungsweisen der Entgegengesetzten abzuleiten sucht, die im Produkt in den Zustand ihrer relativen Indifferenz, ihrer Ruhe übergegangen sind. Schellings Potenzlehre ist der hochinteressante Versuch, die unterschiedlichen Formen der Materie als Organisationsstufen der Gegensätze auf der einen und als unterschiedliche Arten von Gleichgewichten auf der anderen Seite zu definieren. Hier durchdringen sich Systemdenken und Dialektik aufs innigste, und der von Engels eingeführte Begriff der Bewegungsformen der Materie ist ohne diese Vorleistung Schellings nicht denkbar.

Die spätere Fassung des Widerspruchs als Gegensatz innerhalb der Einheit und als Einheit der Gegensätze hat auch im Gefolge, daß sich für Schelling dessen Struktur verändert. War diese ursprünglich ein zweigliedriges, aus den Entgegengesetzten, aus These und Antithese bestehendes polares Gebilde, so wird sie jetzt komplizierter. Zu These und Antithese tritt ein drittes Moment hinzu; das duale Schema wird durch das der „dynamischen Triplizität" abgelöst.[6]

1 F. W. J. v. Schelling, Erster Entwurf . . ., a. a. O., S. 160

2 Ebenda, S. 218

3 Ebenda, S. 251

4 Ebenda, S. 250. – Aufschlußreich für Schellings veränderte Sicht des Widerspruchs ist die folgende Passage in seiner Schrift „Von der Weltseele". Während in der 2. und 3. Auflage (1806 und 1809) zu lesen ist: „Reelle Entgegensetzung aber ist nur da denkbar, wo die Entgegengesetzten dennoch zugleich in einem und demselben Subjekt gesetzt sind", heißt es in der 1. Auflage 1798 noch vage: „Reelle Entgegensetzung ist aber nur zwischen Größen einer Art denkbar." (F. W. J. v. Schelling, Einleitung . . ., a. a. O., S. 486 und Anm. 1)

5 Die Potenzlehre wird in Schellings „Erstem Entwurf . . .", in der „Einleitung . . ." und in noch stärkerem Maße in der Schrift: „Allgemeine Deduktion des dynamischen Prozesses oder der Kategorien der Physik" (1800), in: Schellings Werke, hrsg. v. O. Weiß, Erster Band, entwickelt. Die Entstehungsdaten der genannten Schriften zeigen, daß die Potenzlehre der reifen Phase von Schellings Naturphilosophie angehört.

6 Vgl. F. W. J. v. Schelling, Erster Entwurf . . ., a. a. O., S. 164 Anm.

Da Schelling in dieser Phase seiner Entwicklung die Natur als Organismus faßt, steht er vor der Aufgabe, das Phänomen des quasi-stationären Gleichgewichts aufzuklären. Er geht von der Erkenntnis aus, daß „zwei Körper von entgegengesetzter Beschaffenheit, in Berührung gebracht, . . . sich ganz nothwendig ins Gleichgewicht untereinander" setzen, daß also der Prozeß in ihnen erlischt.[1] „Die entgegengesetzten Kräfte haben ein notwendiges Bestreben, sich ins *Gleichgewicht*, d. h. ins *Verhältnis der mindesten Wechselwirkung* zu setzen; mithin würde, wenn nicht im Universum die Kräfte *ungleich* verteilt wären, oder wenn das Gleichgewicht nicht kontinuierlich *gestört* würde, zuletzt auf allen Weltkörpern alle partielle Bewegung erlöschen, und nur die allgemeine Bewegung fortdauern, bis endlich vielleicht auch diese toten unbelebten Massen der Weltkörper in Einen Klumpen zusammenfielen, und die ganze Welt in Trägheit versänke."[2]

Aber im Organismus und in der Natur überhaupt gibt es diesen Zustand der absoluten Ruhe nicht, kommt es niemals zum völligen Ausgleich. Hier gibt es „nur Ruhe in der Thätigkeit", und was im Objekt und „äußerlich" als Ruhe „erscheint", ist in Wirklichkeit „homogene gleichförmige Thätigkeit".[3]

Der Organismus als Produkt ist also mit anderen Worten doppelt bestimmt: als Ruhe *und* als Tätigkeit, als Gleichgewicht *und* als Duplizität. Diese Verknüpfung gegensätzlicher Eigenschaften ist aber nicht anders vorstellbar, als daß durch Duplizität ständig das Gleichgewicht und durch das Gleichgewicht ständig die Duplizität aufgehoben wird. „Jenes Gleichgewicht (der Zustand der Indifferenz) muß also continuirlich gestört, aber auch continuirlich wiederhergestellt werden."[4]

In dieser Fragestellung geht es nicht mehr abstrakt und allgemein darum nachzuweisen, *daß* alle Dinge auf Kombinationen gegensätzlicher ursprünglicher Aktivitäten zurückzuführen sind. Auf der Grundlage dieser nicht preiszugebenden Gewißheit stellt sich nun das weiterführende Problem nach der Existenzweise der Duplizität im Weltganzen, die Frage, wie sich diese in der Natur erhalten kann und warum die Natur nicht den Zustand des absoluten Gleichgewichts erreicht. Und Schelling löst das Problem, indem er die Duplizität ihrem eigenen Gesetz unterwirft, sie selbst nur als Moment eines Gegensatzes auffaßt, dessen anderes Moment (und Gegensatz) Identität ist. Oder: der Duplizität auf der einen Seite, in der die Entgegengesetzten zu einem *Moment* zusammengenommen werden – wozu ihm die eben skizzierte Formel von der „Einheit in der Entzweiung" das methodische Recht verliehen hatte –, wird auf der anderen Seite im „Gleichgewicht" bzw. in der „Indifferenz" *ihr* Gegensatz entgegengestellt.

Durch dieses Transponieren des Widerspruchs auf eine höhere Ebene gewinnt Schelling folgende Aussage: Obwohl dem auf Duplizität beruhenden Naturge-

1 Ebenda, S. 164

2 F. W. J. v. Schelling, Von der Weltseele, eine Hypothese der höheren Physik zur Erklärung des allgemeinen Organismus, in: Werke, Erster Band, a. a. O., S. 487

3 Vgl. F. W. J. v. Schelling, Erster Entwurf . . ., a. a. O., S. 165

4 Ebenda, S. 162

schehen gerade wegen seiner Duplizität die Tendenz innewohnt, in der Neutralisierung der Gegensätze zur Ruhe zu kommen, ist der Zustand absoluter Indifferenz dennoch nicht zu erreichen. Denn diese Tendenz wird ständig durch eine Gegentendenz eingeschränkt und aufgehoben, durch die Tendenz zur Wiederherstellung der Duplizität.

Damit definiert Schelling die Natur als Ganze als den in sich bewegten Widerspruch, dessen Strukturformel mit seinem Bewegungsgesetz zusammenfällt. Sie realisiert sich, indem sie – gleichsam in stationärer Bewegung pulsierend – in dem einen Akt vom Zustand der Identität der Gegensätze in den ihrer Entzweiung übergeht und im nächsten Akt die rückläufige Bewegung vollzieht, die Entzweiung der Gegensätze in der Identität wieder aufhebt.

Mit dieser Bestimmung des Widerspruchs bringt Schelling dessen Bewegungsweise in sich *identisch reproduzierenden* Systemen treffend auf den Begriff. Der Erkenntnisgewinn, der damit erarbeitet wurde, kann kaum überschätzt werden. Er besteht darin, daß Schelling die abstrakte Fixierung der einander äußerlich bleibenden Gegensätze als selbständig Existierende – die zwar die Voraussetzung für den Widerspruch, aber noch nicht die Formulierung des Widerspruchs ist – aufgehoben hat. Erst jetzt wird aus der Lehre von den Gegensätzen Widerspruchsdialektik. Erst in den miteinander verknüpften, vermittelten Gegensätzen wird die Stufe des Konkret-Allgemeinen erreicht. Erst jetzt wird die Wirklichkeit als *sich selbst bewegende* faßbar. Im Widerspruch vermittelt, sind die Gegensätze nicht mehr nur Ursache und Prinzip der Bewegung, sondern Abbildung der Bewegung selbst, genommen nach der Seite ihrer allgemeinen Struktur. Und ganz zutreffend hat daher Hegel die Beziehung, in der etwas noch als an sich positiv oder negativ fixiert bleibt, dem „Unterschied" und nicht dem „Widerspruch" zugerechnet.[1]

Indem aber Schelling die Bewegungsweise des Widerspruchs in sich identisch reproduzierenden Systemen aufdeckt, bringt er die Dialektik um einen Schritt weiter, der meines Erachtens nicht kleiner ist als jener Schritt, den später Hegel vollziehen wird, wenn er – den Begriff des Widerspruchs weiterentwickelnd – identische Reproduktion zu einem bloßen Moment der Entwicklung herabsetzen wird.

Das Ungenügende in der Widerspruchskonzeption Schellings kann mit Hegel so charakterisiert werden, daß hier „das perennierende Herüber- und Hinübergehen von dem einen Gliede des bleibenden Widerspruchs zum andern" noch nicht überschritten wird. Deshalb aber ist die Bewegung hier auch „nicht ein Fortgehen und Weiterkommen, sondern ein Wiederholen von einem und demselben, Setzen, Aufheben, und Wiedersetzen und Wiederaufheben, eine Ohnmacht des Negativen, dem das, was es aufhebt, durch sein Aufheben selbst als ein Kontinuierliches wiederkehrt".[2]

1 Vgl. G. W. F. Hegel, Wissenschaft der Logik, Zweiter Teil, Berlin 1971, S. 44
2 G. W. F. Hegel, Wissenschaft der Logik, Erster Teil, Berlin 1971, S. 225

Die höchste Stufe in der Ausbildung der Widerspruchsdialektik, die Schelling zu erreichen vermag, ist jedoch dieses Setzen und Aufheben, dieses Wiederholen derselben Schritte ad infinitum. „Es ist schlechterdings kein *Bestehen* eines Produkts denkbar", schreibt Schelling, *„ohne ein beständiges Reproduziertwerden.* Das Produkt muß gedacht werden als *in jedem Moment* vernichtet, und in jedem Moment neu reproduziert."[1]

Nach dem Gesagten könnte es so scheinen, als ob Schelling die Frage unentschieden gelassen habe, welche der beiden Seiten des Widerspruchs über die andere übergreift: die Störung des Gleichgewichts durch Duplizität über die Tendenz zur Wiederherstellung des Gleichgewichts oder umgekehrt. Insofern Duplizität und Identität gleichursprüngliche Kräfte sind,[2] die mit Schellings Begriff der Natur a priori gesetzt werden, sind keine Prioritäten vorgegeben.

Dennoch ist die Identität – je später, desto deutlicher – die tragende Seite des Widerspruchs. 1799 heißt es ausdrücklich: „Die Natur ist ursprünglich Identität – Duplizität nur Bedingung der Thätigkeit, weil sie beständig in ihre Identität zurückzukehren strebt."[3] Und: „Wenn die Natur ursprünglich Identität ist – und dieß beweißt ihr Streben wieder identisch zu werden, so ist es ohne Zweifel die höchste Aufgabe der Naturwissenschaft, zu erklären, welche Ursache in die allgemeine Identität der Natur zuerst jenen unendlichen Gegensatz und dadurch die Bedingung der allgemeinen Bewegung gebracht habe."[4]

Damit aber hat sich Schelling darauf festgelegt, die Duplizität als – wenn auch für den Bestand der Welt notwendige – „Störung" zu definieren,[5] die Wiederherstellung der Identität jedoch als Zielfunktion der Bewegung des gesamten Widerspruchs einzuführen. Oder die Duplizität vermittelt nur zwischen zwei Gleichgewichtszuständen. Sie bringt jedoch nichts voran, bewirkt keine Entwicklung. Alles, was sie zu leisten vermag, indem sie sie zur Bewegung immer erneut aufstachelt, ist, der absoluten Stagnation entgegenzuwirken, ist, die Natur daran zu hindern, in die Totenstarre absoluter Bewegungslosigkeit zu verfallen oder, wie wir heute sagen würden, im Entropiemaximum zu enden.

Oberflächlich betrachtet und unmittelbar steht für diese Fassung des Widerspruchs ausschließlich der sich reproduzierende, sich gegenüber Störungen seitens der Umwelt identisch erhaltende Organismus Modell. Und da die Natur überhaupt in dieser Periode von Schelling als Organismus begriffen wird, gilt ihm dessen Bewegungsweise als allgemeine schlechthin. Aber blicken wir tiefer und nehmen wir diese Vorstellung mit der von Schelling bereits in den „Ideen zu einer Philosophie der Natur" entwickelten historischen Genesis der Naturbeziehung des Menschen zusammen, nach der diese in den drei Stadien verläuft:

1 F. W. J. v. Schelling, Einleitung ..., a. a. O., S. 701
2 Vgl. F. W. J. v. Schelling, Erster Entwurf ..., a. a. O., S. 160
3 Ebenda, Anm. 2
4 Ebenda, S. 161
5 Vgl. F. W. J. v. Schelling, Von der Weltseele ..., a. a. O., S. 487

ursprüngliche Einheit von Mensch und Natur, Trennung des Menschen von der Natur, wiederzugewinnende Einheit,[1] dann weist diese Figur Schellingschen Denkens auf tiefere und frühere Wurzeln zurück. Dann sind Duplizität, Zwiespalt usw. – wenn auch als notwendig akzeptiert – von Anfang an mit dem Makel des Unvollkommenen, Provisorischen behaftet, Identität hingegen trägt die Krone der Vollkommenheit und des Endgültigen. In der Formel „Identität durch Überwindung der Duplizität" hebt Schelling eine Illusion der bürgerlichen Ideologie auf die Stufe des allgemeinen philosophischen Begriffs, auf die Ebene der Kategorie, die Überzeugung nämlich, daß die angebrochene Ära der bürgerlichen Gesellschaft alle Widersprüche und Entzweiungen aufheben wird, daß die Menschheit nunmehr ins Endzeitalter der Erfüllungen eingetreten sei, daß sie das verlorene Paradies wiedergewinne, einen Zustand herstelle, in dem die Gesellschaft die Geschichte hinter sich gelassen hat und in dem sie sich nur noch auf gleicher Stufenleiter reproduzieren werde.[2]

Aber dieses unter progressiv-utopischem Vorzeichen konstruierte Modell zur Behandlung des Widerspruchs wird sich bewähren, auch wenn Schelling – um mit Jean Paul zu reden – in romantischer Rückwende seine „Belvedéres" längst nicht mehr in der Zukunft, sondern in der Vergangenheit sucht,[3] auch wenn das Bürgertum seiner revolutionären Vergangenheit längst abgeschworen hat. Aus der genannten Formel wird sich als ihr harter realistischer Kern das permanente Systemproblem herausschälen: zur Stabilisierung des Systems durch Konfliktbewältigung zu gelangen.

Wie dem auch sei: Die von Schelling vorgenommene Vorordnung der Identität vor die Duplizität markiert zunächst einen Fortschritt in der Bewältigung der Widerspruchsdialektik. Erst auf der Grundlage der Vorstellung, daß eine Seite des Widerspruchs über die andere übergreift, kommt angesichts der Bewegung seiner Seiten Richtung und Tendenz in das Geschehen. Demgegenüber ist es zunächst unwesentlich, ob die Identität über die Duplizität oder die Duplizität über die Identität übergreift, ob das Positive über das Negative oder das Negative über das Positive dominiert, ob das Modell auf der Annahme beruht, die Zielfunktion sei Reproduktion des Gleichen oder Entwicklung, die Tendenz der Bewegung der Gegensätze gehe auf Ausgleich oder jedes Gleichgewicht der Gegensätze existiere nur zeitweilig, sei Durchgangsmoment einer letztlich vom Kampf der Gegensätze beherrschten Bewegung. In beiden Fällen wird die Bewegung des Widerspruchs zu einem *dreigliedrigen* Geschehen, wobei das dritte Glied die Resultante aus den beiden vorausgesetzten entgegengerichteten Bewegungen ist.

1 Vgl. F. W. J. v. Schelling, Ideen . . ., a. a. O., S. 108ff.

2 Vgl. H. J. Sandkühler, Zu Schellings Verhältnis zur Geschichte, in: Freiheit und Wirklichkeit. Zur Dialektik von Politik und Philosophie bei F. W. J. Schelling, Frankfurt/Main 1968, S. 8ff., S. 159ff.

3 Vgl. Jean Paul, Vorschule der Ästhetik, in: Kleine Nachschule zur ästhetischen Vorschule, München 1963, S. 48, 49

Diese dreigliedrige Struktur der Bewegung nennt Schelling „Triplizität".[1] Die Notwendigkeit, sie einzuführen, begründet er bezeichnenderweise im Zusammenhang mit der Aufgabe, „die Materie zu konstruieren".[2] Die absolute Identität der positiven und negativen Naturkräfte würde nämlich nach Schelling – wäre sie je erreichbar – zu einem Zustand führen, der „für die Anschauung durch die bloße Null oder den absoluten Mangel an Realität bezeichnet ist". Die Entgegengesetzten würden sich wie +1 und −1 aufheben. Umgekehrt könnte ihre absolute Trennung „wiederum keine Realität hervorbringen, wenn nicht durch die Trennung selbst eine *dritte synthetische Tätigkeit* bedingt wäre, und diese ist wiederum nicht erklärbar, wenn wir die Natur nicht als ein ursprüngliches Identisches annehmen ... So notwendig wir also einen *ursprünglichen Gegensatz zweier Tätigkeiten* annehmen, so notwendig ist uns auch die Annahme einer *dritten*, welche aber nichts anderes ausdrückt, als das unendliche Bestreben der Natur, in jene absolute Identität zurückzukehren, aus der sie durch die anfängliche Entzweiung gerissen ist."[3]

Zur „ursprünglichen Identität" und „ursprünglichen Duplizität" muß also als drittes „Urmoment" die Integrationstendenz hinzutreten,[4] um die Objekte der realen Welt als „relative Identitäten" zu konstituieren.[5] Oder erst mit der Figur der Triplizität hält Schelling die Aufgabe für lösbar, die Natur ausschließlich aus den ihr eigenen Urprinzipien, ihrem eigenen inneren, wesentlichen Zusammenhang zu „konstruieren". Und daß es Schelling eben darum geht, erklärt er ausdrücklich: „Da sie sich selbst ihre Sphäre gibt, so kann keine fremde Macht in sie eingreifen; alle ihre Gesetze sind immanent, oder: die *Natur ist ihre eigne Gesetzgeberin* (*Autonomie der Natur*).

Was in der Natur geschieht, muß sich auch aus den thätigen und bewegenden Principien erklären lassen, die in ihr selbst liegen, oder: *die Natur ist sich selbst genug* (Autarkie der Natur). Zusammenfassen läßt sich beides in den Satz: *die Natur hat unbedingte Realität*, welcher Satz eben das Princip einer Naturphilosophie ist."[6]

Schelling hat recht mit der in dieser Aussage verborgenen Kritik, daß eine Philosophie, die (wie etwa die vorkritische Metaphysik) den Widerspruch als Grundprinzip der Realität nicht zu reflektieren, die sich über den Identitätsstandpunkt nicht zu erheben vermag, diese Aufgabe nicht lösen kann. Er hat ebenfalls recht, wenn er dazu eine Philosophie für unfähig hält, die die Entgegengesetzten einseitig fixiert. Diese verläuft sich, wie Kant gezeigt hat, weit davon entfernt, die Materie oder Einheit der Natur zu konstituieren, in Antinomien. Und im Regreß ins schlechte Unendliche verlieren sie jeden Zusammenhang.

1 Vgl. F. W. J. v. Schelling, Erster Entwurf ..., a. a. O., S. 163; Von der Weltseele ..., a. a. O., S. 455
2 Vgl. F. W. J. v. Schelling, Einleitung ..., a. a. O., S. 741
3 Ebenda, S. 744f.
4 Vgl. W. Hartkopf, Studien zur Entwicklung der modernen Dialektik, a. a. O., S. 60
5 Vgl. F. W. J. v. Schelling, Einleitung ..., a. a. O., S. 744
6 F. W. J. v. Schelling, Erster Entwurf ..., a. a. O., S. 17

Nicht so, wenn Triplizität die Bewegungsform des Widerspruchs ist. In diesem Falle kann die Materie als sich mit identische, ruhende „konstruiert" werden, ohne daß aus ihrem Begriff ihre Bewegung ausgeschlossen würde, wie umgekehrt die Bewegung der Natur „konstruiert" werden kann, ohne daß über ihrer alles Gewordene auflösenden Tendenz ihre Einheit verlorenginge. Unter der Voraussetzung der Triplizität kann die Natur „konstruiert" werden als sich bewegende Einheit und als in sich identische Bewegung.

Triplizität als Bewegungsform des Widerspruchs schließt nämlich Natur gewissermaßen mit sich selbst zusammen, indem sie jeweils das Ende der Bewegung in ihren Anfang zurückbiegt. Oder sie realisiert eine Form der Bewegung, die unter der Figur des Kreises vorgestellt werden muß. Und die Daseinsweise der Natur ist für Schelling die des in sich geschlossenen, immerzu werdenden Kreises, „beständig werdende Triplizität".[1] „Der allgemeine Bildungsprozeß der Natur" aber „ist insofern *unendlich*, als er continuirlich *in sich selbst* zurückläuft"[2]. Oder die Natur ist die identisch sich reproduzierende Totalität, die alle Momente, die zu ihrer Reproduktion erforderlich sind, in sich selbst vorfindet.

Mit der Figur der Triplizität erarbeitet Schelling Voraussetzungen, auf deren Grundlage Hegel später das Entwicklungsgesetz der Negation der Negation formulieren wird. Ja, Schellings Modell der über die Duplizität vermittelten Identität stellt den Übergang zur philosophischen Formulierung des Entwicklungsbegriffes dar, insofern er ihren Grenzfall Null, die gewissermaßen auf der Stelle tretende Entwicklung, auf den Begriff bringt. Zwar wird sich diese – von Schelling noch für die allgemeine Bewegungsform der Natur gehalten – später als ihr bloßes Moment erweisen, aber als ihr notwendiges Moment immerhin, insofern jeder Übergang zu höheren Stufen der Entwicklung von sich identisch reproduzierenden Systemen seinen Ausgang nimmt.

In sich identisch reproduzierenden Systemen sind aber mittels der Triplizität bereits allgemeine Bedingungen jeder Entwicklung realisiert. Da die Gegensätze nicht mehr im abstrakten Gegenüber fixiert sind, sind sie auch keine Unabhängigen mehr, sondern aneinander Gebundene, miteinander vermittelt. Ihre Bewegung ist daher auch nicht mehr als „frei" vorzustellen, sondern als gerichtet. Zu Momenten eines einheitlichen Prozesses herabgesetzt, stehen sie unter einem Gesetz, kann sich ihre Bewegungsrichtung nicht ändern und umkehren, bevor der Zyklus vollendet ist. „Jeder Teilabschnitt des Prozesses ist ‚für sich' nicht umkehrbar."[3] So also ergibt sich aus der Triplizität prinzipiell die Gerichtetheit der Bewegung. Eben mit dieser Bestimmung geht die abstrakte Auffassung von der Bewegung als bloßer Veränderung in die konkrete, dialektische der Entwicklung über.

Hier aber erreicht Schelling seine Grenze, die in gewissem Sinne auch die

1 Vgl. ebenda, S. 165
2 Ebenda, S. 37
3 Vgl. G. Pawelzig, Dialektik der Entwicklung objektiver Systeme, Berlin 1970, S. 97

Grenze des Zeitgeistes ist, dessen hervorragender Exponent er war. Wie die durch die Ergebnisse vor allem der Vergleichenden Anatomie und Morphologie initiierten Diskussionen um die Stufenleiter der Lebewesen, die – indem sie das Material aufbereiteten – bis dicht an die Schwelle des Evolutionsgedankens heranführten, aber den Übergang zu ihm verfehlten, weil sie den Seitenpfad in eine idealistische Typologie einschlugen, so ist auch Schelling auf dem Sprunge, die Entwicklungsidee hervorzubringen.[1]

Die Interpretation der Entwicklungsstufen der Natur als Potenzierung der einfachen zu immer komplizierteren Organisationsformen der Bewegung, wobei die niederen in den höheren Potenzen dialektisch aufgehoben sind, also bereits eine Organisations*richtung* sichtbar wird, verfehlt die Entwicklungsidee ebenso knapp wie gründlich. Das Schema der identischen Reproduktion und die Identifizierung der Natur mit dem Organismus versperren Schelling den Weg, die Entwicklungsidee zu akzeptieren. Er ist der Auffassung, daß „die Verschiedenheit der Stufen, auf welchen wir jetzt die Organisationen fixiert erblicken, .. eine eigenthümliche Proportion der ursprünglichen Aktionen (Kräfte) für jede einzelne" voraussetzt, „woraus folgt, daß die Natur jedes Produkt, das uns fixiert erscheint, von vorne, d. h. mit einer ganz neuen Anlage angefangen haben muß ... Die Behauptung also, daß wirklich die verschiedenen Organisationen durch allmähliche Entwicklung auseinander sich gebildet haben, ist Mißverständnis einer Idee."[2]

4. Systemdenken und Dialektik, Schelling und Hegel

Aus seinem Verhältnis zum Widerspruch geht hervor: Schelling hat mit ein und derselben Idee Dialektik und Antidialektik produziert, Impulse zur Entwicklung der Dialektik freigesetzt und erstickt, mechanizistisch-metaphysisches Denken überwunden, um es auf höherer Stufenleiter wiederherzustellen. Obwohl Schelling ausgezogen war, um die traditionelle Metaphysik zu besiegen, obwohl er zu diesem Zwecke die herkömmliche Ordnung ihrer Begriffe auf den Kopf gestellt hatte, findet sich diese unterderhand wieder ein.

Als bloß stationäre Bewegung, als identische Reproduktion, dominiert Ruhe abermals über Bewegung, und damit tritt das aus der Naturphilosophie verbannte – das Werden aus sich ausschließende – Sein der alten Ontologie in seine angestammten Rechte wieder ein. Auch die auf ewig in unveränderliche Kreise gebannte Bewegung der Natur gestattet kein Ausbrechen, keinen Übergang in andere Kreise, keine Genesis höherer aus niederen Organisationsformen. Die Natur ist zwar ununterbrochene Bewegung, aber ihr Resultat ist abermals

1 Vgl. W. Zimmermann, Evolution. Die Geschichte ihrer Probleme und Erkenntnisse, Freiburg/München 1954, S. 363ff.

2 F. W. J. v. Schelling, Erster Entwurf ..., a. a. O., S. 63

Ruhe, freilich auf einer höheren Stufe des Begriffs. Sie ist reflektierte, in sich vermittelte Ruhe, da sie durch das Moment der Bewegung konkretisiert ist. Ruhe ist nun Bewegung in sich, in sich selbst zurückgegangene Bewegung.

So richtig diese Bestimmung, die als Frucht aus der einfachen Umkehrung der alten Metaphysik hervorgeht, für sich genommen auch ist, so sehr greift die Fragestellung Schellings insgesamt zu kurz. Schelling fragt nämlich nur: was sind Objekte, was ist Ruhe eigentlich und ihrem Wesen nach. Und er antwortet: Objekte sind Produkte von Aktionen, Ruhe ist eine Zustandsform der Bewegung. Aber damit hebt er das tiefer liegende Axiom der alten Metaphysik nicht aus den Angeln. Unabhängig davon, wie die Ruhe definiert wird, durch die tautologische Gleichung Ruhe = Ruhe oder die nicht mehr tautologische Formel Ruhe = Bewegung zur Erhaltung eines bestehenden Zustandes – indem er nur die Ruhe hinterfragt, die Bewegung jedoch a priori einführt und so aus dem Umkreis der zu begründenden Begriffe ausschließt, setzt er sich selbst eine wiederum metaphysische Grenze.

Diese Grenze wird erst Hegel überschreiten, allerdings ebensowenig wie Schelling in bezug auf die Natur. In dieser gibt es auch für Hegel keine Entwicklung, sondern nur „ein System von Stufen ... aber nicht so, daß die eine aus der andern natürlich erzeugt würde".[1] Entwicklung, deren Bewegungsweise sich Hegel als Negation der Negation oder in der Figur der aufgesprengten, ineinander übergehenden Kreise darstellt, tritt nur im Bereich des menschlichen Denkens auf. Und in diesem erweisen sich Gleichgewicht, Identität der Gegensätze nur als zeitweiliger, geschichtlich bestimmter Zustand eines sich entwickelnden Systems.

Anders Schelling. Für ihn ist das, was im Kontext des reicheren, konkreteren Begriffs der Entwicklung zum Moment herabgesetzt ist, bereits das Ganze. Indem er aber das Moment für das Ganze, die einseitige Abstraktion schon für die Totalität hält, bleibt diese eine Pseudo-Totalität, oder sie erreicht noch nicht die Stufe des Begriffs des Konkret-Allgemeinen.

Von der Warte der Entwicklungsidee gelangt Hegel – obwohl auch er die Natur für entwicklungslos hält – zu anderen Konsequenzen. Weil die Natur bestenfalls in ihren höchsten Produkten zur Bewegungsweise der identischen Reproduktion fähig ist, erreicht sie nicht die Stufe echter Totalität, des Konkret-Allgemeinen oder des Begriffs im Hegelschen Sinne. Und selbst als Sphäre des Organischen, in welcher Gestalt die Natur bereits in das Reich der „Subjektivität des Begriffs", in die „konkrete Allgemeinheit" übergeht, realisiert sich Totalität erst auf ihrer untersten Stufe.[2]

Die Natur ist für Hegel daher nicht konkret, sondern noch wesentlich „abstrakt". Ihr „Sein" entspricht ihrem „Begriffe" noch nicht.[3] Oder der Natur ist „gerade

1 G. W. F. Hegel, Enzyklopädie der philosophischen Wissenschaften, Berlin 1969, S. 202
2 Vgl. ebenda, S. 309
3 Ebenda, S. 201

die Äußerlichkeit eigentümlich, die Unterschiede auseinanderfallen und als gleichgültige Existenzen auftreten zu lassen".[1] Das aber ist für Hegel die andere Seite der Sache, der Grund, weshalb die Natur nicht konkret-allgemein ist: Außer in der Sphäre des Organischen, in der die Gegensätze bereits zum Widerspruch vermittelt sind, weshalb hier Selbstbewegung anhebt, herrscht in der Natur noch die Beziehung der bloßen Polarität. In Hegelscher Redeweise: „Es ist die *Ohnmacht* der Natur, die Begriffsbestimmungen nur abstrakt zu erhalten",[2] und dieser Ohnmacht schuldet sie ihre Entwicklungslosigkeit, ihre Unfähigkeit, „den Begriff in seiner Ausführung festzuhalten".[3] Da für Hegel die Stufen der Natur also nicht unter den Titel „Totalität" zu subsumieren sind, kann „der Weltkörper" für ihn auch nicht wie für Schelling „das absolute Tier" sein.[4] Das heißt Hegel betrachtet die Natur nicht für schlechthin unter den Gesetzen des Organischen stehend, und Organisation gibt es nur in jenen Systemen, die der organischen Natur angehören.

Dieser Unterschied im Zugang zur Natur von Schelling auf der einen, Hegel auf der anderen Seite hat weitreichende methodische Folgen. Unter anderem deshalb, weil die Natur für Hegel erst an der Schwelle des Begriffes steht, also wesentlich abstrakt ist, wird er sich nicht zu jener Ablehnung des analytischen naturwissenschaftlichen Denkens, zur Abwertung der „Reflexionsbegriffe", zur absoluten Verwerfung des mechanizistischen Denkens versteigen, die in Schellings späterer Forderung nach „intellektueller Anschauung" der Natur münden wird.

Für unser Thema ist in diesem Zusammenhang aber in erster Linie von Belang, daß sich in den hier skizzierten Differenzen zwischen Schelling und Hegel eine Entwicklungslinie des Denkens gabelt. Während Schelling die Figur des in der identischen Reproduktion vermittelten Widerspruchs von den konkreten Gestalten der Natur abhebt, verallgemeinert und ihr diese als ihre universelle, präexistierende Struktur und Organisationsweise, als ihr *Subjekt* unterlegt und a priori voranstellt, geht Hegel andere Wege.

Auch er gewinnt den Zugang zur Realität über ihre Strukturen, und die formale Figur für die Bewegung des Begriffes ist für ihn wie für Schelling die Triplizität. Aber Hegel hält diese Strukturen auf keinen Fall für das Subjekt der Bewegung selbst, sondern für etwas „Äußerliches".[5] Subjekt der Bewegung ist der konkrete Inhalt, der in Hegels spekulativem System als Bewegung des Begriffs, als ein Fortschreiten von „einfachen Bestimmtheiten beginnt", wobei die folgenden Bestimmungen immer *reicher* und *konkreter* werden. Oder, in der dialektischen, der „absoluten Methode" erhebt das Denken „auf jeder Stufe weiterer Bestimmung die ganze Masse seines vorhergehenden Inhalts

1 Ebenda, S. 202
2 Vgl. ebenda, S. 203
3 Vgl. ebenda, S. 204
4 Vgl. F. W. J. v. Schelling, Ideen . . ., a. a. O., S. 285
5 Vgl. G. W. F. Hegel, Wissenschaft der Logik, Zweiter Teil, a. a. O., S. 498

und verliert durch sein dialektisches Fortgehen nicht nur nichts, noch läßt es etwas dahinten, sondern trägt alles Erworbene mit sich und bereichert und verdichtet sich in sich".[1]

Es ist hier nicht der Ort, mit Althusser geltend zu machen, daß diese – „Brüchen" nicht Rechnung tragende – Konzeption eine vereinfachende Vorstellung des historischen Prozesses sei.[2] Uns geht es darum, zwei Entwicklungslinien sichtbar zu machen, deren eine, die Dialektik, eine „Logik des Inhalts" ist und deren andere die Strukturen von ihrem Inhalt trennt und sie als reine Formen diesem metaphysisch vorangehen läßt. Schellings und seiner weniger genialen Nachahmer Neigung, letzteres zu tun, kritisiert Hegel anläßlich von Schellings Verwendung des Schemas der Triplizität wie folgt: „Der Formalismus hat sich zwar der Triplizität gleichfalls bemächtigt und sich an das *leere Schema* derselben gehalten; der seichte Unfug und das Kahle des modernen philosophischen sogenannten *Konstruierens*, das in nichts besteht, als jenes formelle Schema ohne Begriff und immanente Bestimmung überall anzuhängen und zu einem äußerlichen Ordnen zu gebrauchen, hat jene Form langweilig und berüchtigt gemacht." Im gleichen Kontext betont Hegel jedoch, daß er die Aufklärung der Form oder Struktur, sofern sie den Inhalt von der Seite seiner Organisationsweise auffaßt, für ein notwendiges Moment dialektischen Denkens hält. Er fährt nämlich fort: „Durch die Schalheit dieses Gebrauchs aber kann sie (die Triplizität – d. Verf.) an ihrem inneren Wert nicht verlieren, und es ist immer hoch zu schätzen, daß zunächst auch nur die unbegriffene Gestalt des Vernünftigen aufgefunden worden sei."[3]

So dominiert zwar in der wohlverstandenen Dialektik der Inhalt über die Form, das Konkrete über die Verselbständigung der Abstraktion, das Historische über das Logische, ohne daß deswegen Form, Abstraktes und Logisches zum bloß Unwesentlichen herabgesetzt würden. Oder die Strukturen werden hier als Bewegungsformen des Inhalts aufgefaßt.

Und das ist nicht nur bei Hegel der Fall, sondern auch in der materialistischen Dialektik. Wir brauchen uns nur die „Logik" des Marxschen „Kapital" vor Augen zu halten, um zu begreifen, daß zur dialektischen Behandlung eines Gegenstandes unabdingbar die Aufklärung seiner Strukturen gehört. Freilich nicht jeglicher seiner Strukturen, sondern jener, mittels derer sich die innere Bewegung und Entwicklung des Gegenstandes vollzieht, jener Strukturen also, in denen sich seine Widersprüche artikulieren, bewegen, lösen und entwickeln.

Zur Aufklärung der Formen, in denen sich die ökonomischen Widersprüche des Kapitalismus bewegen, um die es Marx zu tun war, fand er – um das Wort Hegels aufzugreifen – die „unbegriffene Gestalt des Vernünftigen" jedoch bereits vor. Er konnte sowohl die von Schelling entdeckte Figur der Triplizität als auch das von ihm entwickelte Schema der identischen Reproduktion ver-

1 Ebenda, S. 502

2 Vgl. L. Althusser, Für Marx, Frankfurt/Main 1968, S. 69

3 G. W. F. Hegel, Wissenschaft der Logik, Zweiter Teil, a. a. O., S. 498

wenden, um jene Kreisläufe sichtbar zu machen, in denen ökonomische Größen wie Ware, Geld, Kapital usw. ihre Bewegung realisieren. Kreisläufe sind jedoch, wie für Hegel so auch für Marx, nicht nur Grundlage sondern auch Grenzfall der Entwicklung; erweiterte Reproduktion setzt identische ebenso voraus, wie sie auf der Stufe der in Kapital umschlagenden Ware immer schon erweiterte Reproduktion ist.

Daß aber Marx auch die identische Reproduktion bereits für eine Bewegungsform des Widerspruchs gehalten hat, spricht er anläßlich der „Metamorphose der Waren" aus. Er stellt fest, „daß der Austauschprozeß der Waren widersprechende und einander ausschließende Beziehungen einschließt" und fährt fort: „Die Entwicklung der Ware hebt diese Widersprüche nicht auf, schafft aber die Form, worin sie sich bewegen können. Dies ist überhaupt die Methode, wodurch sich wirkliche Widersprüche lösen. Es ist z. B. ein Widerspruch, daß ein Körper beständig in einen andren fällt und ebenso beständig von ihm wegflieht. Die Ellipse ist eine der Bewegungsformen, worin dieser Widerspruch sich ebensosehr verwirklicht als löst."[1]

Wir können für unseren Kontext in kurzer Zwischenbilanz zunächst festhalten, daß Systemdenken unter folgenden Bedingungen *Moment* dialektischen Denkens ist: wenn es erstens nicht irgendwelche, sondern jene Strukturen aufdeckt, in denen sich die Widersprüche des jeweiligen Gegenstandes bewegen und entwickeln; wenn es sich zweitens nicht zur „leeren Form" verselbständigt, das heißt, wenn es sich nicht so von der Entwicklung seines Inhalts trennt, daß eine bestimmte Bewegungsform der Widersprüche zu ihrer allgemeinen hypostasiert wird.

Schelling erfüllt nur die erste dieser Bedingungen. Insofern er die polaren Gegensätze in der Figur der Kreisbewegung zum sich bewegenden Widerspruch vermittelt, ist sein Ansatz zur Systembetrachtung der Natur gleichzeitig ein entscheidender Beitrag zur Entwicklung der Dialektik. Insofern Schelling diese Bewegungsweise des Widerspruchs jedoch verabsolutiert, weil er glaubt, *eine* Struktur des Widerspruchs jedem konkreten Inhalt überordnen zu können, bleibt er im metaphysischen Denken befangen.

An dieser Stelle ist etwas nachzutragen, ist der Platz zu bestimmen, den Schelling in der Geschichte von Dialektik und Systemdenken einnimmt. Wir wissen bereits, daß er in kühner Umkehr der nominalistischen Ontologie Dinge in Totalitäten innerer Beziehungen verwandelte und daß er Polarität im Widerspruch vermittelt hat.

Mit der zuerst genannten Leistung ,die die Modellierung der Dinge nach den von außen bewegten Atomen außer Kraft setzt, führt Schelling eine Tradition fort, die lange vor ihm Leibniz begründet hatte.[2] In der fensterlosen Monade, die all ihre Bewegungen in sich selbst hat, ist in klassischer Strenge und grandioser

1 K. Marx, Das Kapital, Erster Band, in: MEW, Bd. 23, a. a. O., S. 118f.

2 Zur Geschichte des Systemdenkens vom Ausgang des Mittelalters bis einschließlich Kant,

Einseitigkeit ein neues Dingmodell geschaffen, das eine epochemachende Blickwendung markiert: die Blickwendung von den äußeren Beziehungen der Dinge auf ihre innere Struktur. Hier erobert sich das Systemdenken eine neue Dimension. Zwar waren seit der Renaissance die Bemühungen nicht abgebrochen, *das Weltganze*, das Universum, als System zu begreifen, das zu seiner Existenz und Bewegung keines äußeren Bewegers bedarf, sondern in der Wechselwirkung seiner Teile sein Genügen findet, aber in bezug auf jene Teile, *die Dinge* der Welt, hatte sich trotz andersgearteter Tendenzen die Idee ihrer äußerlichen mechanischen Verknüpfung durchgesetzt. Nun werden auch Dinge als Systeme begriffen, als Totalitäten, die ebenso wie das Universum, quasi als Universa im Kleinen, eine reich gegliederte innere Struktur aufweisen und ihre Bewegung als ihr inneres Gesetz in sich tragen.

Schelling setzt noch einmal da an, wo bereits Leibniz angesetzt hatte, bei der Kritik des mechanizistischen Dingbegriffs. Und Schelling muß bis auf diese Stufe zurückgehen, weil er sonst den gewaltigen Schritt, den er – Leibniz korrigierend – über ihn hinaustut, nicht hätte vollbringen können. Zu bewältigen ist nämlich das von Kant aufgeworfene Antinomienproblem, das die Struktur der Wirklichkeit als polare ausgewiesen hatte. Wenn dieses Faktum, statt sie zu sprengen, mit der Systemnatur der Dinge vereinbart werden sollte, so mußte ein von Leibniz verschiedener Ansatz gefunden werden, ein Ansatz, in den die Polarität zur *Existenzbedingung* von Systemen überhaupt werden mußte. Das aber war nur unter der Voraussetzung denkbar, daß sich die Entgegengesetzten als der Vermittlung fähig erwiesen.

Die Lösung dieser Aufgabe ist ein Anliegen von Schellings Philosophie. Und sein Platz in ihrer Geschichte ist in bezug auf unser Problem eben dadurch gekennzeichnet, daß er die lange vor ihm konzipierte Idee von der Systemnatur der Dinge aufgegriffen und durch die Vorstellung konkretisiert und vertieft hat, daß die innere Ordnung der Dinge durch den Widerspruch bestimmt ist.

Aber auch dann, wenn das Systemdenken noch nicht die Stufe erreicht hat, zu den Strukturen des sich bewegenden Widerspruchs vorzudringen, wenn es also zum dialektischen Denken im eigentlichen Sinne des Wortes noch nicht geworden ist, liegt es doch auf dem Wege zu ihm. Der „Schluß" von den unbegriffenen Dingen der erscheinenden Welt zur Aufklärung ihres „Grundes" in ihren sich bewegenden und entwickelnden Widersprüchen hat nämlich eine „Mitte". Diese ist jener Umschlagspunkt, in dem die Blickwendung von der Betrachtung ihrer einzelnen Eigenschaften und äußeren Zusammenhänge zu der ihrer inneren Verhältnisse erfolgt.

vgl. H. Rombach, Substanz, System, Struktur. Die Ontologie des Funktionalismus und der philosophische Hintergrund der modernen Wissenschaft, Bd. 1 und 2, Freiburg/München 1965. – Obgleich durch den funktionalistischen Standpunkt des Verfassers die Geschichte des Systemdenkens vielfach verzerrt wird, wird hier, ohne daß der Begriff der Dialektik überhaupt eingeführt würde, dennoch deutlich, wie eng die Geschichte von Dialektik und Systemdenken schon vor Schelling miteinander verknüpft sind.

Und an dieser Stelle – sei es in der Geschichte der Philosophie oder der Wissenschaften – wird damit begonnen, die Dinge unter dem Aspekt ihrer Systemnatur zu betrachten. Es versteht sich, daß in dieser „Mitte" der „Schluß" erst zur Hälfte vollzogen und die Stufe des Konkret-Allgemeinen, das dialektische Verständnis des Gegenstandes, noch nicht erreicht ist. Hier wird zunächst die „Wechselwirkung" zu der das theoretische Denken beherrschenden Kategorie und, wie vordem das Aufsuchen invarianter Eigenschaften, das Aufsuchen invarianter Zusammenhänge zur Aufgabe. Die Vertiefung der Wechselwirkung zum Widerspruch, das Bewichten der Zusammenhänge, ihre Unterscheidung in wesentlich und unwesentlich gehören erst einer höheren Stufe des Denkens an. Dennoch ist nicht zu übersehen, daß das Vordringen zum sich bewegenden und entwickelnden Widerspruch die Verwandlung der Dinge in Systeme innerer Wechselwirkungen zur unabdingbaren Voraussetzung hat oder daß das Systemdenken als ihr Moment in der Dialektik aufgehoben ist. Es ist ferner nicht zu übersehen, daß diese Stufe tatsächlich so etwas wie eine „Mitte" oder ein Umkehrpunkt auf dem Wege zum Konkret-Allgemeinen ist, insofern sie den Übergang zu einer Sichtweise markiert, der es nicht mehr darum zu tun ist, die Realität in ihre einzelnen Bausteine zu zerlegen, sondern die einseitig fixierten Abstraktionen, die die Produkte dieses Vorgehens sind, miteinander zu vermitteln.

In dieser Umkehr aber sieht der methodenbewußte Hegel die Aufgabe der Philosophie seiner Zeit. „In der neuern Zeit", meint Hegel, „findet das Individuum die abstrakte Form vorbereitet ... Jetzt besteht darum die Arbeit nicht so sehr darin, das Individuum aus der unmittelbaren sinnlichen Weise zu reinigen ... als vielmehr in dem Entgegengesetzten, durch das Aufheben der festen bestimmten Gedanken das Allgemeine zu verwirklichen und zu begeisten", darin, „die festen Gedanken in Flüssigkeit zu bringen".[1]

5. Das Subjekt als reflexives System. Von Kant zu Schelling

Den Sachverhalt des Systems bezeichnet Schelling bereits mit diesem heute üblichen Terminus. Aber weit häufiger verwendet er statt „System" den Begriff „Organisation", der dem von ihm Gemeinten tatsächlich angemessener ist, insofern er Schellings methodischen Zugang zum Systemdenken verrät: den Zugang über die Tätigkeit, die Bewegung, den Prozeß und den Determinationsvorgang.

Was aber ist für Schelling Organisation?

Wir lesen: „Organisation ist mir überhaupt nichts anderes als der aufgehaltene Strom von Ursachen und Wirkungen. Nur wo die Natur diesen Strom nicht gehemmt hat, fließt er vorwärts (in gerader Linie). Wo sie ihn hemmt, kehrt er (in einer Kreislinie) in sich selbst zurück. Nicht also alle Sukzession von Ur-

1 G. W. F. Hegel, Phänomenologie des Geistes, Berlin 1964, S. 30

sachen und Wirkungen ist durch den Begriff des Organismus ausgeschlossen; dieser Begriff bezeichnet nur eine Sukzession, *die innerhalb gewisser Grenzen eingeschlossen in sich selbst zurückfließt.*"[1]

Da diese Definition nur vor dem Hintergrund und als Resultat der Kritik des Mechanizismus zu verstehen ist, der noch vor der Jahrhundertwende in seine bis dahin tiefste Krise kam, muß diese kurz skizziert werden, und zwar auf dem Gebiet, auf dem sie ihren wohl prägnantesten und schärfsten Ausdruck fand und auf dem Schelling seinen allgemeinen Systembegriff erarbeitete: auf dem der Biologie.[2]

Hier hatten die Ergebnisse der gerade entstandenen experimentellen Physiologie der mechanizistischen Erklärungsweise des Lebens gründlich den Boden entzogen. Phänomene wie selbsttätige Reproduktion, Regeneration, Restitution, Irritabilität und Sensibilität – die eben entdeckt worden waren – ließen sich mit der Maschinentheorie des Lebens, die über ein Jahrhundert die Biologie beherrscht hatte, nicht in Einklang bringen, und das Prinzip der linearen Kausalität, das auch sie getragen hatte: die Wirkung ist stets der Ursache adäquat, war mehr als zweifelhaft geworden. Die neuen Entdeckungen hatten zweierlei bewiesen: 1. Die Reaktion des Organismus auf äußere Reize beruht nicht auf diesem Prinzip, da die Reizantwort nicht der Natur des Reizes, sondern der Natur des Organismus entspricht. 2. Dem Organismus kommt also – ebenso wie dem bewußten menschlichen Subjekt – die Eigenschaft der Selbsttätigkeit zu; er weist wie dieses zielstrebiges Verhalten auf, ohne doch dessen Vernunft zu besitzen, aus dem allein seine Zielstellungen entspringen. Offensichtlich gibt es auch in der Natur einen Bereich, der unter der doppelten Bestimmtheit steht: vermöge der natürlichen linearen Verkettung von Ursachen und Wirkungen notwendig zu sein, zugleich aber einem Reich der Freiheit anzugehören, das nicht unter diesem, sondern unter dem Gesetz der Selbsttätigkeit steht.

Damit fällt aber auch der Organismus unter die dritte Antinomie der reinen Vernunft. Die Wahrheit der einander ausschließenden, polar entgegengesetzten These und Antithese läßt sich gleichermaßen beweisen, so daß gilt: „Die Causalität nach Gesetzen der Natur ist nicht die einzige, aus welcher die Erscheinungen der Welt insgesamt abgeleitet werden können. Es ist noch eine Causalität durch Freiheit zur Erklärung derselben anzunehmen notwendig." Und: „Es ist keine Freiheit, sondern alles in der Welt geschieht lediglich nach Gesetzen der Natur."[3]

Der Spezifik organismischer Selbsttätigkeit nimmt sich Kant dann in der „Kritik der Urteilskraft" an. Und hier dämmert – geleitet vom Modell des selbsttätigen menschlichen Individuums – unter dem Titel „innerer Zweck" oder „Naturzweck" die erste Ahnung davon auf, wie das Unvereinbare dennoch

1 F. W. J. v. Schelling, Von der Weltseele, a. a. O., S. 445

2 Das folgende ist ausführlicher dargestellt in meiner Arbeit: Aspekte des Zweckbegriffs in Hegels Biologieverständnis, in: Zum Hegelverständnis unserer Zeit, hrsg. von H. Ley, Berlin 1972, S. 224ff.

3 I. Kant, Kritik der reinen Vernunft, Leipzig 1901, S. 402f.

vereinbart werden kann, ohne daß – die Analogie zum Zwecke setzenden Menschen überziehend – eine bewußte Intelligenz in die Natur eingesetzt, ohne daß die Erklärung der Natur auf der Grundlage der Kausalität – diesem Unterpfand der Wissenschaftlichkeit – aufgegeben wird. Kant zeichnet die Richtung der Lösung vor, wenn er vom menschlichen Subjekt die reflexive Natur seines Verhaltens als abstrakte Folie abhebt und der organismischen Tätigkeit zugrunde legt. Er schreibt: „Ein Ding existiert als Naturzweck, wenn es von sich selbst Ursache und Wirkung ist."[1] Nur in diesem Falle haben wir es nicht mit einer bedingten, sondern einer unbedingten Ursache zu tun, das heißt einer Ursache, wonach „eine Reihe von Erscheinungen, die nach Naturzwecken läuft, von selbst anfangen".[2] Hier setzt Schelling ein. Und unter seinen Händen entsteht aus den von Kant vorsichtig geäußerten Denkmöglichkeiten, wie ein Naturzweck als „regulative Idee" allenfalls vorzustellen sei, eine ganze Naturphilosophie. In dieser wird der „innere Zweck", so wie ihn Kant andeutungsweise konzipiert hatte, zur tragenden „konstitutiven Idee", nicht nur, um die Determinationsverhältnisse des Organismus zu verstehen, sondern auch, um die Natur als Ganzes, die Natur als Universum, in ihrem Grundgesetz erfassen zu können.

Diese Vereinigung von Mechanismus und Freiheit erreicht Schelling durch den Identitätsstandpunkt, das heißt indem er voraussetzt, daß „die Tätigkeit, durch welche die objektive Welt produziert ist, ursprünglich identisch ist mit der, welche im Wollen sich äußert und umgekehrt". Nur daß sie „im freien Handeln mit *Bewußtsein* produktiv ist, im Produzieren der Welt *ohne Bewußtsein* produktiv ist".[3]

Diese Identitätserklärung aber gestattet Schelling – wie das bereits Kant versucht hatte –, Natur unter folgender Bedingung nach dem Modell des menschlichen Subjekts aufzufassen: daß die Modellbildung auf einer Stufe der Abstraktion erfolgt, auf der die Spezifik „bewußt zu sein" außer Kraft gesetzt ist. Das eben ist der Identitätsstandpunkt, auf dem sich das Subjekt rein als produktive und sich selbst produzierende Struktur darstellt. Es wird unter dem Aspekt betrachtet, inneren Strukturgesetzen zu gehorchen, die gleichzeitig seine Identität mit sich, seine Selbsttätigkeit und Freiheit *und* den Wechsel, die Bewegung und Veränderung seines empirischen Vorstellungsinhaltes garantieren. Das entscheidende Ergebnis, zu dem Schelling auf diesem Wege gelangt, ist die Auffassung, daß das Subjekt sowohl in seiner Existenzweise als bewußtes Subjekt als auch als Natur *reflexives System* ist.

Auch hier steht Schelling in der Nachfolge Kants. Dieser hatte unter dem Titel „Transzendentale Apperzeption" das Problem aufgeworfen, wie „Einheit des Selbstbewußtseins" möglich sei, und seine Lösung durch Strukturanalyse des

1 I. Kant, Kritik der Urteilskraft, in: Werke, Bd. V, Berlin 1908, S. 370

2 I. Kant, Kritik der reinen Vernunft, a. a. O., S. 406

3 F. W. J. Schelling, System des transzendentalen Idealismus, in: Werke, Zweiter Band, a. a. O., S. 22

Ich versucht.[1] Ähnlich übrigens auch Fichte. Schelling setzt diese Versuche fort. Wohl am ausführlichsten in seiner 1800 entstandenen Schrift „Darstellung meines Systems der Philosophie" unterzieht Schelling „die absolute Intelligenz" einer Strukturanalyse mit dem Ziel, ihre Fähigkeit zur „absoluten Synthesis" aufzuklären.[2] Danach schreitet das Subjekt zwar von Vorstellung zu Vorstellung fort, und diese Sukzession scheint in gerader Linie ins Unendliche zu verlaufen; das Subjekt ist in ihr zwar nicht „frei", sondern seine Vorstellungen sind von den je vorhergehenden bestimmt, und in diesem Fortschreiten scheint die Einheit des Ich abhanden zu kommen, kein Gesetz zu walten. Aber da es *ein* Subjekt ist, das diese Bewegung vollzieht, liegt der Mannigfaltigkeit von Ich-Zuständen eine Identität immer schon voraus, „welche durch die ganze Sukzessionsreihe hindurch nur ihre eigene Identität sucht". Oder, die „Sukzession und alle Veränderungen in der Zeit (sind) nicht anderes als Evolutionen der absoluten Synthesis" selbst.[3] So tritt ein Streben nach Identität der Sukzession der Vorstellungen entgegen, und ebenso wie sie in jedem Moment vernichtet wird, wird die Identität in jedem Moment auch wieder hergestellt. Aber diese Synthesis ist nur eine *„relative Synthesis"*,[4] weil sie zur Sukzession im bloßen Verhältnis des Gegensatzes steht. Und so kann hier keine Seite die andere überwältigen. Diese Synthesis bleibt ein Vorgang des Setzens, Aufhebens, Wiedersetzens, Wiederaufhebens usw., der, wie die Sukzession für sich genommen, ins schlechte Unendliche, ins Form- und Gestaltlose führt. Auf dieser Ebene der Betrachtung herrscht Wechselwirkung, noch keine Organisation. Um das Phänomen des Selbstbewußtseins, welches „absolute Synthesis" ist, aufklären zu können, muß die Kategorie der Wechselwirkung durch die der Organisation überboten werden. Diese ist aber nichts weiter als „die höhere Potenz der Kategorie der Wechselwirkung". Ihr „Grundcharakter" besteht darin, „daß sie mit sich selbst in Wechselwirkung" steht.[5]

Dazu aber muß „die Intelligenz aus ihrem Produzieren heraustreten und sich selbst als produktiv anschauen". Oder, die Intelligenz, die mit der Sukzession bisher Eines war, muß „die Sukzession sich entgegensetzen, um sich in ihr anzuschauen".[6] Und so besteht die Grundstruktur des Selbstbewußtseins also darin, „daß es sich selbst zugleich Subjekt und Objekt ist".[7]

Damit ist gesagt: das Ich als reines Selbstbewußtsein ist systembildend, schafft Organisation. Unter der Voraussetzung, daß es in Subjekt und Objekt auseinandertritt, wird die Sphäre der regellosen Sukzession der produzierten Vorstellungen (welche jetzt Objekt ist) durch eine übergeordnete Instanz organisiert

1 Vgl. I. Kant, Kritik der reinen Vernunft, a. a. O., S. 151ff.

2 Vgl. F. W. J. v. Schelling, Darstellung meines Systems der Philosophie, in: Werke, Zweiter Band, a. a. O., S. 157

3 Ebenda, S. 162

4 Vgl. ebenda, S. 163

5 Vgl. ebenda, S. 169

6 Ebenda, S. 163 7 Ebenda, S. 157

und eingegrenzt, und zwar so, daß sie „in sich selbst zurückläuft". Und die „in sich selbst zurückkehrende, in Ruhe dargestellte, Sukzession ist eben die Organisation ... Die Organisation ist nur die in Grenzen eingeschlossene und als fixiert vorgestellte Sukzession."[1]

Das Subjekt wird also von Schelling unter dem Aspekt betrachtet, einen bestimmten Typus von Determination zu repräsentieren; und zwar einen Typus sehr hoher Ordnung. Nicht nur, daß im Subjekt die einsinnig gerichteten linearen Ursache-Wirkungs-Ketten in der Wechselwirkung verknüpft und aufgehoben sind (sich in der Wechselwirkung „potenziert" haben); über dieser entsteht ein noch höheres Niveau der Determination. Auf diesem wird die Sphäre der Wechselwirkung ihrerseits in ein Verhältnis der Wechselwirkung gebracht (abermals „potenziert"), und auf dieser Ebene schlägt Wechselwirkung in Organisation oder System um.

Hier treffen wir bei genauerem Hinsehen abermals auf den Widerspruch in der uns bereits bekannten spezifischen Schellingschen Fassung. Es bestätigt sich die Behauptung, daß es eben der Widerspruch ist, der für Schelling die Voraussetzung zur Systembildung, zur Organisation ist. Daß sich das Identische mit sich und in sich in immer neuen Schritten entzweit, bedeutet nämlich Strukturierung, „Potenzierung", Differenzierung, und daß der so entstehende Widerspruch seine Dominante jeweils in seiner positiven, Identität stiftenden Seite hat, bewirkt, daß die Entzweiung – statt das sich Entzweiende aufzulösen – es vielmehr zum System ausbildet.

Für die skizzierte Organisation gilt: je höher die betrachtete Ebene, desto strenger die sie beherrschende Ordnung, desto unfreier das Einzelgeschehen. Erst wird „freie" Kausalität in der Wechselwirkung gebunden, dann Wechselwirkung in der Organisation. In dem Maße jedoch, in dem das Determinationsgeschehen unter Gesetze gestellt wird, nimmt gleichzeitig die Selbsttätigkeit und Freiheit des Ganzen zu.

Und so löst sich der Widerspruch, wie Mechanismus und Freiheit für das Subjekt zugleich existieren können, in der Formel: Das Subjekt ist selbsttätig und frei, nicht wenn es vom blinden und regellosen Mechanismus *abstrahiert*, sondern wenn es ihn *organisiert*, dem Gesetz seiner Existenz unterordnet.

In dieser Formel aber meldet sich der Anspruch der bürgerlichen Vernunft auf Realitätsbeherrschung zu Wort. Nicht nur, daß sie deutbar ist als Appell, die blinden, spontan wirkenden Naturkräfte zu organisieren, damit das gesellschaftliche Subjekt sie auf höherer Stufenleiter desto besser für seine Ziele wirken lassen kann, sie besagt auch, daß die von eigennützigen Zwecken geleitete, spontane bürgerliche Tätigkeit als zu organisierende für legitim anerkannt wird. Jedoch nur unter der Voraussetzung, daß die vereinzelnde Willkür des bürgerlichen Lebens sich unter der Regie des gemeinsamen Klasseninteresses als ihres Subjekts entfaltet.

1 Ebenda, S. 165

Und auch das ist Anspruch bürgerlicher Vernunft: daß Schelling Zugang zur Struktur des Subjekts darauf angelegt ist, dieses als autonom auszuweisen, das heißt als eine Struktur, in der die Selbstbestimmung über das Bestimmtwerden übergreift. Selbstbestimmung ist von Anfang an ein Leitthema der Philosophie Schellings; Selbstbestimmung bleibt auch das Thema in der Periode seiner Naturphilosophie. Während sie aber in seinen frühen Schriften vorwiegend als ein Sollen deklariert wird, als ein „Sei!", als Forderung, „ein Wesen an sich zu werden!",[1] das sich „durch sein Denken selbst ... aus absoluter Kausalität" hervorbringt,[2] wird der Akzent um etwa 1800 anders gesetzt. Jetzt wird Selbstbestimmung vorausgesetzt und die Aufgabe darin gesehen aufzuklären, was Selbstbestimmung ihrem Wesen nach sei.

Auf der Basis dieses Problems, an dessen Lösung Schelling und Hegel gleichermaßen arbeiten, wird in der Struktur reflexiver oder selbstvermittelnder Vorgänge und Systeme eine Struktur des Denkens aufgedeckt, die bis dahin weitestgehend verborgen geblieben war.

Selbstbestimmung, Selbsttätigkeit, Selbstbewegung, kurz Autonomie des Subjekts ist für Schelling nur unter der Voraussetzng möglich, daß die Identität des Subjekts mit seinem Bewußtsein keine unmittelbare ist. Gesetzt nämlich, Subjekt und Bewußtsein wären ununterscheidbar ein und dasselbe, so löste sich das Subjekt in seinen Bewußtseinsinhalten auf und würde von ihnen bewegt, bestimmt und ins Endlose fortgetrieben. Es hätte keine Macht über sie, könnte sich diese nicht unterordnen, es bestimmte sich nicht selbst, sondern würde bestimmt. Aber das Subjekt verfällt der spontanen, blinden, mechanischen Sukzession des Bewußtseins nicht, weil seine Struktur reflexiv ist, weil es sich auf sich selbst beziehen, zu sich selbst verhalten, sich selbst zum Objekt machen, sich über sich selbst und die Inhalte seiner Tätigkeit erheben kann. Und es erhebt sich über sie, indem es sie in sich selbst zu einer Sphäre seiner selbst eingrenzt und organisiert. Oder das Subjekt ist derart, daß es Bewußtsein des Bewußtseins, Denken über das Denken ist. Es tritt also in doppelter Gestalt auf: in unmittelbarer Einheit mit seinen Inhalten und in mittelbarer, „potenzierter", indem es sich als Selbst über diese erhebt. In diesen Gegensatz seiner selbst geht es gerade deshalb auseinander, um sich die Inhalte seines Bewußtseins als *seine* Inhalte, *seine* Objekte *aneignen* zu können. Und daher bleibt auch das Subjekt nicht in diesem Gegensatze stehen; es vermittelt sich über die Inhalte seines Bewußtseins vielmehr mit sich selbst, und es kann nur über diese zu sich selbst gelangen.

Ähnlich Hegel. Bei ihm heißt dieser Vorgang der Reflexion-in-sich „Vermittlung". Und das selbstbewußte Denken ist Reflexion-in-sich der Reflexion-in-sich und der Reflexion-in-anderes. Der Gewinn der „logischen" Formel der Vermitt-

1 Vgl. F. W. J. v. Schelling, Neue Deduktion des Naturrechts, in: Werke, Erster Hauptband, München 1927, S. 171–172

2 Vgl. F. W. J. v. Schelling, Vom Ich als Prinzip der Philosophie, oder über das Unbedingte im menschlichen Wissen, in: Werke, Erster Band, a. a. O., S. 19

lung aber besteht für Hegel darin: Vermittlung ist niemals Vermittlung durch anderes, sondern stets durch die Natur ihres Inhalts selbst, so daß der Begriff der Vermittlung der Angelpunkt der Inhaltslogik oder Dialektik ist.

Gleichzeitig ist Vermittlung für Schelling und Hegel jedoch das Vehikel, durch das Wechselwirkung in Organisation überführt, der Regreß ins Unendliche in den in sich zurücklaufenden Kreis des relativ geschlossenen Systems verwandelt wird. Und die Antwort auf die Frage, wie Selbstbestimmung, Selbstbewegung, Autonomie möglich sind, lautet: Sie sind nur möglich, wenn das Subjekt als System existiert. Damit ist Vermittlung auch der Angelpunkt des Schellingschen und Hegelschen Systemdenkens.

Diese unmittelbare Einheit von Systemdenken und Dialektik bei Schelling und Hegel ist Ausdruck dafür, daß sie die bürgerliche Gesellschaft nach Form und Inhalt bejahen. In ihr ist das Anliegen erkennbar, die Struktur und Bewegungsform zu finden, in der sich der Inhalt der neuen Gesellschaft entfalten, organisieren und zum System, zur Totalität ausbilden kann. Und zwar so, daß diese Form – weit davon entfernt, sie einzuengen, zu beschneiden und zu reglementieren – die Entfaltung ihres Inhalts vielmehr fördert oder, um mit Schelling zu sprechen, „potenziert". Daher ist die Methode für Hegel nichts anderes als das Gesetz, nach dem sich der Inhalt bewegt, „nichts anderes als der Bau des Ganzen in seiner reinen Wesenheit aufgestellt". „Das Ganze aber ist nur das durch seine Entwicklung sich vollendende Wesen."[1] Und von dem Ganzen, welches das Wahre ist, oder „von dem Absoluten (ist) zu sagen, daß es wesentlich *Resultat*, daß es erst am *Ende* das ist, was es in Wahrheit ist".[2] Das „Wahre" ist die zur Totalität, zum System entfaltete bürgerliche Gesellschaft, die als das sich selbst bestimmende Subjekt kraft ihres inneren Entwicklungsgesetzes eine Welt von Bestimmungen als Selbst-Objekte aus sich herausbilden wird, um sich über diese, sich mit sich selbst vermittelnd, zu behaupten und zu realisieren.

Daß in der von Schelling und noch viel bewußter von Hegel erhobenen Forderung, eine „Logik" zu schaffen, in der sich der Reichtum des Inhalts entfalten kann, das Programm zur Entwicklung der bürgerlichen Gesellschaft zur Totalität fixiert ist, wird besonders deutlich, wenn wir es mit seiner Zurücknahme in der Spätphase der kapitalistischen Gesellschaft konfrontieren.

Nehmen wir Edmund Husserl zum Beispiel. In seiner Philosophie, die wie die Hegels von der Voraussetzung ausgeht, daß „die Methode ... ein Wesensstück der Philosophie selbst bildet, und nicht so etwas wie eine gleichgültig woher stammende einzulernende Technik oder ein bereitliegendes Werkzeug",[3] kehrt sich die Funktion der philosophischen Methode um. Husserls Methode, die transzendentale Reduktion, hat das Ziel, den Inhalt der Geltungen, die Fülle

1 G. W. F. Hegel, Phänomenologie des Geistes, a. a. O., S. 40

2 Ebenda, S. 21

3 E. Husserl, Die Krisis der europäischen Wissenschaften und die transzendentale Phänomenologie, in: Husserliana, Bd. VI, Haag 1962, S. 445

der Gegebenheiten von Lebenswelt und Wissenschaft „einzuklammern", zu reduzieren, um sich des in ihnen sich manifestierenden, des sie hervorbringenden, letztbegründenden Subjekts zu versichern. Und der Inhalt muß reduziert werden, weil der eigentümliche „Stil", der von Lebenswelt und Wissenschaft ausgebildet wurde, den „Stil" der transzendentalen Subjektivität unkenntlich macht, verkehrt und verzerrt. Während die Methode von Schelling und Hegel also darauf angelegt ist, Instrument zu sein, um die bürgerliche Gesellschaft in der Komplexität und Totalität ihrer Geltungen zu *konstituieren*, ist – der Situation der späten kapitalistischen Gesellschaft gemäß – die Methode jetzt so strukturiert, daß sie die übermächtig gewordene Komplexität von einander widersprechenden Geltungen praktisch und theoretisch reduzieren muß, um sich als gesellschaftliches Subjekt behaupten zu können. Dazu benötigt man Systemdenken – aber dieses geht nicht länger mit der Dialektik zusammen, sondern bindet sich an irgendeine Form des philosophischen Reduktionismus, eben beispielsweise an Husserls Transzendentale Phänomenologie. Typisch für diesen Vorgang ist Niklas Luhmanns Systemtheorie der Gesellschaft, die – in Anknüpfung an Husserls Phänomenologie – auf der These beruht, daß das Problem der Welt ihre Komplexität sei[1] und der Sinn von Systembildung ihre Reduzierung.[2]

6. Der Organismus als reflexives System

Die Aussage Gotthard Günthers: „Hegel allein hat begriffen, daß das Selbstbewußtsein ein logisches Modell der Wirklichkeit liefert, und daß Realität als ein in sich reflektierter Strukturzusammenhang begriffen werden muß",[3] ist nach dem hier Gesagten zu erweitern. Auch für Husserl und Luhmann gilt – so sehr sich die Konzeption vom Subjekt historisch gewandelt hat –, daß das Selbstbewußtsein als logisches Modell der Wirklichkeit fungiert. Und für die Epoche der klassischen bürgerlichen deutschen Philosophie ist in bezug auf diesen Vorgang neben Hegel unbedingt Schelling zu stellen.

Schelling nämlich ist es, der die skizzierte Subjekt-Struktur auf den Organismus und auf die Natur als Ganzes überträgt. Auch „die Natur muß ursprünglich sich selbst Objekt werden", auch sie ist nur unter der Voraussetzung denkbar, daß eine „Verwandlung des reinen Subjekts in ein Selbst-Objekt" erfolgt.[4] Auch sie ist Organisation und System, das auf reflexiven Vorgängen beruht und deshalb Selbstbestimmung aufweist. Und wir erkennen die skizzierte Subjekt-Struktur unmittelbar wieder, wenn wir bei Schelling in bezug auf den Or-

1 Vgl. N. Luhmann, Soziologie als Theorie sozialer Systeme, in: N. Luhmann, Soziologische Aufklärung, Opladen 1971, S. 115

2 Vgl. ebenda, S. 119

3 G. Günther, Idee und Grundriß einer nicht-aristotelischen Logik, in: Die Idee und ihre philosophischen Voraussetzungen, Erster Band, Hamburg 1959, S. 384

4 F. W. J. v. Schelling, Einleitung . . ., a. a. O., S. 700

ganismus lesen: „Das abgeleitete Produkt ist eine *nach außen gehende* Tätigkeit – diese läßt sich als solche nicht unterscheiden ohne eine von *außen nach innen* gehende (auf sich selbst gerichtete) Tätigkeit in demselben Produkt, und diese Tätigkeit läßt sich wiederum nicht denken, wenn sie nicht von außen *zurückgedrängt* (reflektiert) wird."[1]

Die Übertragung des Subjekt-Modells auf die Natur hat sich nun als außerordentlich fruchtbar erwiesen, um sie einer immanenten, transzendentale, übernatürliche Kräfte abweisenden Erklärung näherzuführen, einer Erklärung, die auf dem Wege zu einem Materialismus liegt, der nicht mehr mechanizistisch, sondern dialektisch ist.

Prüfen wir, was in bezug auf die Erklärungsweise des Organismus durch dieses Modell gewonnen wird. Um das zu lösende theoretische Grundlagenproblem zu umreißen, konstruiert Schelling im Anschluß an und in der Art von Kant folgende Antinomie. Ihre These, das Prinzip des „physiologischen Materialismus" lautet: „Die Thätigkeit des Organismus ist bestimmt durch seine Receptivität ... Die organische Thätigkeit ist also ganz und gar abhängig von dem (direkten) Einfluß äußerer (materieller) Principien ... Der Einfluß äußerer Ursachen auf den Organismus sowohl als die organische Thätigkeit ist sonach chemischer Art. Alle Funktionen des Organismus erfolgen nach chemischen Gesetzen der Materie, das Leben selbst ist ein chemischer Proceß."[2]

Ihre Antithese, das Prinzip des „physiologischen Immaterialismus" hingegen besagt: „Die Receptivität des Organismus ist bedingt durch seine Thätigkeit ... Die Materie kann im Organismus nicht ihren Kräften gemäß frei und ungehindert wirken, die Bande der gemeinen chemischen Verwandtschaft sind im Organismus gelöst, neue Verwandtschaften gestiftet. Was in die Sphäre des Organismus tritt, nimmt von diesem Augenblick an eine neue ihm fremde Wirkungsart an ..., die Ursache nun, welche im Organismus die chemischen Gesetze der Materie aufhebt, ... kann nicht wiederum eine *materielle* sein, da jede Materie selbst dem chemischen Proceß unterworfen ist – also ein *immaterielles* Princip, das mit Recht *Lebenskraft* genannt wird."[3]

„Keines von beiden Systemen ist wahr", fährt Schelling fort, „denn sie widerlegen sich wechselseitig. Gleichwohl ist in beiden etwas Notwendiges ..., das Wahre ist ein drittes aus beiden."[4]

Schelling wendet sich durch die Konstruktion dieser Antinomie sowohl gegen die vitalistisch-idealistische als auch gegen die mechanizistische Erklärung der Lebensprozesse, wobei er letztere irrtümlich mit materialistischer Erklärung gleichsetzt.

Das Wahre nun, welches ein drittes aus beiden ist, findet Schelling mittels des Subjekt-Modells. Wie das bewußte Subjekt, so ist auch der Organismus

1 Ebenda, S. 716
2 F. W. J. v. Schelling, Erster Entwurf ..., a. a. O., S. 74
3 Ebenda, S. 78–80
4 Ebenda, S. 81

ein Ganzes, das seine Identität, Selbstbestimmung, Selbstbewegung als *vermittelter* Prozeß realisiert. Nicht nur zwei Faktoren: Organismus und Umwelt treten im organischen Prozeß in Wechselwirkung, wie es die Auffassung derer war, die Organismen für „Cartesische Maschinen" hielten,[1] sondern drei: der Organismus als Subjekt, als Selbst-Objekt und die Objekte der Umwelt, wobei es auch hier das Selbst-Objekt ist, das die Selbstkonstitution des Organismus vermittelt und garantiert. Wäre er nämlich nicht Selbst-Objekt, so könnte er sich nicht selbst konstituieren. Nur das Tote, das der Sphäre des Mechanischen angehört, „ist nie *sich selbst*, sondern einem *andern* Objekt".[2]

Konkret bestimmt Schelling das Wesen des Organismus als Erregbarkeit, und diese bildet eben jene „Mitte" zwischen den Extremen der organischen Subjektivität und den anorganischen Objekten. Sie vermittelt zwischen ihnen derart, daß sie sie gleichzeitig miteinander verbindet und auseinanderhält. Sie verbindet sie: denn Selbstkonstitution oder Selbstbehauptung ist nur angesichts und im „Andrang gegen eine äußere Welt möglich",[3] da jene äußere Welt durch die von ihr ausgehende *Erregung* die Duplizität im Organismus erhält und so verhindert, daß er in absoluter Indifferenz (im absoluten Gleichgewicht) zur Ruhe kommt. Käme er nämlich zur Ruhe, so hörte er auf, selbstbewegtes und selbstkonstituierendes Subjekt zu sein. Die Erregbarkeit hält die Extreme auseinander: denn gesetzt, die äußere Welt könnte den Organismus *unmittelbar* als Subjekt bestimmen, so würde sie ihn ihren Gesetzen, den Gesetzen des toten Mechanismus unterwerfen, für die nicht der Vorgang der Selbst-, sondern der Fremddetermination gilt.

Daraus leitet Schelling den Schluß ab: „Also nur der Organismus als Objekt muß durch äußre Einflüsse bestimmbar seyn, der Organismus als Subjekt muß durch sie unerreichbar seyn."[4] Der Organismus erscheint also in doppelter Weise, ist eine „doppelte Welt", ist „Einheit entgegengesetzter Systeme": als „niederer" oder „gröberer" Organismus – als solcher gehört er der Objekt-Seite des Subjekt-Objekts an,[5] ist er gegenüber den physikalisch-chemischen Einflüssen der Umwelt offen – und als „höherer" Organismus.[6] In diesem Aspekt steht er auf der Subjekt-Seite des Subjekt-Objekts und ist der direkten Einwirkung der äußeren Umwelt nicht zugänglich. Dennoch ist auch der „höhere" Organismus nach zwei Seiten unmittelbar offen: in Richtung des organischen Subjekts und gegenüber der Objekt-Seite des Subjekt-Objekts, wie auch der „niedere" Organismus in zwei entgegengesetzten Beziehungen direkt eingebunden ist. Er ist offen gegenüber der äußeren Umwelt und gegenüber der Subjekt-Seite des Subjekt-Objekts. Auf der Grundlage dieser Strukturverhältnisse

1 Vgl. ebenda, S. 188
2 Ebenda, S. 145 Anm. 1
3 Vgl. ebenda
4 Vgl. ebenda, S. 145f.
5 Vgl. ebenda, S. 147f.
6 Vgl. ebenda, S. 146

organismischer Systeme vermag Schelling den Begriff der Umwelt zu relativieren. Der Organismus als Subjekt genommen hat „eine doppelte Außenwelt":[1] eine die außerhalb und eine, die als Subjekt-Objekt innerhalb des Systems liegt. „Kurz: Jede Organisation ist nur Organisation, insofern sie gegen zwei Welten zugleich gekehrt ist."[2]

Die Auflösung des Rätsels, wie der Organismus zugleich fremdbestimmt und selbstbestimmt, notwendig und frei sein kann, ist eben diese Struktur. Er wird als Subjekt „durch die äußeren Einflüsse nicht *unmittelbar* ... sondern ... nur *indirekt* affiziert". Er „*muß sich selbst das Medium seyn, wodurch äußre Einflüsse auf ihn wirken*".[3] Und indem er sich über dieses Medium mit sich selbst zusammenschließt, beruht er als Naturzweck ausschließlich auf den Momenten seiner Bewegung, seiner Determination selbst.

Damit kommen wir auf die von Kant gestellte Aufgabe zurück, den „inneren" oder „Naturzweck" naturimmanent zu erklären. Der Vorgang der Vermittlung ist auch hier die gesuchte Lösung, durch die sich die Antinomie von Kausalität und Teleologie überwinden läßt. Und die „Mitte" oder das vermittelnde Glied ist auch hier der Widerspruch, die „Duplizität", die im Subjekt-Objekt realisierte Einheit der Gegensätze.

Hegel wird vornehmlich in der Terminologie der Zweck-Mittel-Problematik Schelling auf diesem Weg folgen und noch deutlicher als jener die „Logik" dieser Vermittlung aufzudecken suchen. Die Realisierung objektiv zielstrebiger Prozesse oder die identische Reproduktion des Organismus in Auseinandersetzung mit der auf ihn einwirkenden Umwelt stellt Hegel in Form einer Schlußfigur dar, die folgende Struktur hat. Zweck und Objektivität sind die zu vermittelnden Extreme (1. Prämisse). Vorausgesetzt ist, daß der Zweck in der Conclusio als realisierter Zweck erscheinen muß. Das aber bestimmt die Platzverteilung von Subjekt und Prädikat in der mittleren Prämisse (der „Mitte"). Der Zweck muß auch hier als Subjekt auftreten und die Objektivität als das Prädikat, da nur, wenn der Zweck als Subjekt über Mechanismus und Chemismus überzugreifen vermag, das Resultat der realisierte Zweck sein kann. Im umgekehrten Falle, wenn Mechanismus und Chemismus das übergreifende Moment über den Zweck wären, würde der Organismus dem Mechanismus verfallen, das heißt als Organismus zugrunde gehen.[4]

Für Hegel steht einzig die beschriebene Schlußfigur für den vermittelten Prozeß des Organischen. Schelling will mehr. Er sucht – wenn ich Schelling hier richtig verstehe – nach einem objektiven Naturphänomen, welches die Figur der Vermittlung in einfachster und reiner Form darstellt, nach der Ausgangsabstraktion und der Keimzelle für die Struktur des Organischen

1 Vgl. ebenda, S. 147
2 Ebenda, S. 148
3 Ebenda, S. 146
4 Vgl. G. W. F. Hegel, Enzyklopädie der philosophischen Wissenschaften, § 208, 209; vgl. C. Warnke, Aspekte des Zweckbegriffs in Hegels Biologieverständnis, a. a. O., S. 248ff.

gewissermaßen, die auf der Grenze zwischen Chemischem und Organischem steht. Er glaubt, dieses Phänomen in dem zu seiner Zeit eben entdeckten und viel diskutierten Galvanismus gefunden zu haben. Zum Unterschied von der polaren Struktur der Elektrizität und von der Duplizität des chemischen Prozesses, die wegen ihrer unvermittelten Polarität – einmal abgelaufen – nicht wieder selbsttätig von vorn anfangen können, beruhe der Galvanismus, die galvanische Kette auf Triplizität. Hier treten nicht nur zwei, sondern drei Körper in wechselseitige Beziehung. Und dieser dritte Körper „ist nämlich darum notwendig, damit der Gegensatz zwischen den beiden andern erhalten werde".[1]

Die galvanische Kette ist für Schelling die von der Natur gelöste Aufgabe, „eine Verbindung von Körpern (d. h. eine Construktion)" zu finden, *„durch welche ohne wiederholte Berührung und Trennung, also bei vollkommener Ruhe* (denn der Organismus ist doch Ruhe in der Thätigkeit) – eine fortwährende Aktion bedingt ist, und diese Aufgabe kann nur durch die galvanische Kette gelöst werden, denn in derselben ist durch ihr *Geschlossenseyn selbst* und ihr *Geschlossenbleiben* eine *fortwährende* Aktion bedingt, weil von den drei Körpern A B C keine zwei sich untereinander ins Gleichgewicht setzen können, ohne durch den dritten gestört zu werden, weil also zwischen drei heterogenen Körpern überhaupt kein Gleichgewicht möglich ist."[2]

Daß Schelling mit dem Galvanismus (objektiv) tatsächlich so etwas wie die Vorstellung einer Keimzelle oder (subjektiv) einer Ausgangsabstraktion verbindet, die alle Verhältnisse des Organismus durchdringt, geht auch aus folgender Bemerkung hervor. „Der Lebensprozeß muß . . . die höhere Potenz der chemischen sein, und wenn das Grundschema von diesem Duplizität, wird das Schema von jenem *Triplizität* sein müssen (wird jener ein Prozeß der dritten Potenz sein). Aber das Schema der Triplizität ist (wirklich) das (Grundschema) des galvanischen Prozesses, . . . also steht der galvanische Prozeß . . . eine Potenz höher als der chemische, und das Dritte, was diesem fehlt und was jener hat, verhindert, daß es zur Indifferenz im organischen Produkt komme."[3]

Mit Werner Hartkopf möchte ich dafür plädieren, daß – obwohl nicht mehr als ein spekulativer Denkansatz – die Bedeutung dieses Modells nicht übersehen werde. „Es liefert einen Kreisprozeß, . . . der . . . nicht, wie (Schelling – d. Verf.) anfangs behauptet hatte, durch die Überlagerung zweier entgegengesetzter . . . Aktionen zustandekommt, sondern aus verschiedenen linearen Abläufen aufgebaut ist."[4] Schelling erarbeitet damit eine abstrakte Struktur, deren Gültigkeit sich erstmals ein Vierteljahrhundert später im gedanklich durchkonstruierten und auch mathematisch beherrschten Carnotschen Kreisprozeß erweisen wird, und vermittelt darüber hinaus die Einsicht, daß organismische Prozesse Regelungsvorgänge zur Grundvoraussetzung haben.

1 F. W. J. v. Schelling, Erster Entwurf . . ., a. a. O., S. 164
2 Ebenda, S. 164f.
3 F. W. J. v. Schelling, Einleitung . . ., a. a. O., S. 735
4 W. Hartkopf, Studien zur Entwicklung der modernen Dialektik, a. a. O., S. 90

In diesem Zusammenhang macht Hartkopf noch folgende interessante Bemerkung: „Dieses Modell ... ist auch insofern philosophisch von allgemeinem Interesse, als sich hiermit eine rationale Erklärungsmöglichkeit für das Auftreten eines ‚Novums' ergibt, ... der Kreisform der Abläufe auf der Grundlage prinzipiell linearer Abläufe. Auch die Beherrschung der Natur durch den Menschen beruht nicht nur darauf, wie Schelling eingangs der Ideenschrift meinte, daß der Mensch die antagonistischen Naturkräfte gegeneinander ausspiele, sondern auch auf der geschickten Kopplung von Naturabläufen, die bei einer solchen Kopplung ganz neue Ablaufsformen annehmen können, wie wir es jetzt in der Technik und speziell in der Regelungstechnik gelernt haben."[1]

Hier markiert sich tatsächlich eine Entwicklung im naturphilosophischen Denken Schellings, das allerdings nur konsequent eine Idee zu Ende führt, die bereits in der Ideenschrift angelegt war. Grundlegende Voraussetzung, um unter dem Titel „Organismus" das abstrakte Modell der autoregulativen Maschine denken zu können – denn darauf läuft es ja letztlich hinaus –, ist nämlich, daß das Naturverhältnis des Menschen als vermitteltes aufgefaßt wird. Diese Voraussetzung ist aber bereits in der Ideenschrift erfüllt. Denn schon in der Vorstellung, die Naturkräfte gegeneinander in Bewegung zu setzen, um desto sicherer über sie herrschen zu können, wird die Natur als selbsttätig Arbeit leistend aufgefaßt. Nur ist noch nicht geklärt, welche Verknüpfungsbedingungen der Naturkräfte dazu erforderlich sind. Schelling entdeckt diese schließlich im in sich geschlossenen Regulationsgeschehen des Organismus. Und wenn er die abstrakt gefaßte Figur bewußtloser Selbsttätigkeit nicht mit der Sphäre der Werkzeuge und Maschinen zusammenbringt, so darum, weil an autoregulative technische Einrichtungen in seiner Zeit noch nicht zu denken war. Dennoch bleibt es wahr, daß die Ausgangsfrage Schellings in der Ideenschrift bereits so gestellt ist, daß ihre Lösung nicht nur auf Verhältnisse in biologischen Objekten, sondern auf jegliche Objekte zutreffen muß, die sich künftig als autoregulative werden ausweisen lassen.

Wenn wir uns nun, angesichts der referierten Auffassung Schellings von der organischen Natur, die Frage stellen, was an ihr Dialektik und was Systemdenken ist, so erweist sich, daß sie hier in noch ungetrennter Einheit verknüpft sind. Wir sehen, daß Regelungsstrukturen, daß Organisationen nicht unabhängig von den Widersprüchen gedacht werden, die ihnen zugrunde liegen und deren Bewegungs- und Lösungsform sie sind.

Die Grenze der Dialektik Schellings in bezug auf die organische Natur, die er ebenso wie andere Naturforscher seiner Zeit nicht überschreiten kann, besteht darin, daß er bei der Idee der Selbstbestimmung, Selbstbewegung und Selbstkonstitution der Organismen letztlich stehenbleibt, ihre Entwicklung und Selbstentwicklung aber nicht ins Auge zu fassen vermag.[2] Wir erinnern uns, daß für

1 Ebenda

2 Zum Entwicklungsbegriff in der organischen Natur bei Schelling vgl. auch W. Förster, Die Entwicklungsidee in der deutschen Naturphilosophie am Ausgang des 18. und zu Beginn des

Schelling die Vorstellung der phylogenetischen Entwicklung, „daß wirklich verschiedene Organisationen durch allmähliche Entwicklung auseinander sich gebildet haben, . . . Mißverständnis einer Idee" war.[1]

Und diese Idee, deren wahres Verständnis Schelling zu besitzen glaubt und durch die „der Name Naturgeschichte eine viel höhere Bedeutung bekommen" würde, besteht in folgendem: Die wirkliche Geschichte der Natur ist die Geschichte, „wie sie durch continuirliche Abweichung von einem gemeinschaftlichen Ideal – insofern sie *frei* – deswegen aber doch nicht *gesetzlos* bildend – weil sie doch beständig innerhalb der Grenzen ihres Ideals bleibt – die ganze Mannigfaltigkeit ihrer Produkte allmählich hervorbringt, und so das Ideal zwar nicht im Einzelnen, aber doch im Ganzen realisiert".[2]

Mit dieser Vorstellung verfehlt Schelling die Idee einer Naturgeschichte der Organismen. Aber er konzipiert – ähnlich wie zum Beispiel Goethe und Carus[3] – das Programm für eine Typologie der Organismen. Was sich miteinander kreuzen läßt, was aus der Duplizität der Geschlechter in die Identität eines gemeinsamen Produkts übergeht, repräsentiert nach Schelling jeweils eine Gattung oder einen Typus.[4] Und dieser hat eine Art horizontaler Geschichte, indem er sich in eine Mannigfaltigkeit variierender Abarten auseinanderlegt. Typus ist also für Schelling keine fixierte Individualität und Struktur, sondern eine Identität höherer Ordnung, die eine Mannigfaltigkeit von Individuen und Zuständen notwendig umfaßt; oder er ist ein *Maßbereich*, der nur über eine Gesamtheit ihn ausfüllender Individuen seine Identität realisieren kann. Der Typus ist damit seinem Wesen nach eine quantitative Qualität, oder er ist, wie Schelling sagt, jeweils eine „eigenthümliche Proportion ursprünglicher Aktionen",[5] die auf einer bestimmten Stufe gehemmt, als bestimmte Gestalt *erscheinen*.

Weil aber Typus oder Gattung das Maß, das „Gemeinschaftliche" ist, „das kein einzelnes Individuum ganz" erfüllen kann,[6] ist die Gattung auch das Blei-

19. Jahrhunderts, in: Veränderungen und Entwicklung. Studien zur vormarxistischen Dialektik, Berlin 1974, S. 171ff.

1 F. W. J. v. Schelling, Erster Entwurf . . ., a. a. O., S. 63; vgl. F. W. J. v. Schelling, Ideen . . ., a. a. O., S. 136

2 Ebenda, S. 68

3 Vgl. W. Zimmermann, Evolution, S. 266ff., 374ff.; vgl. J. W. v. Goethe, Morphologische Hefte, in: Die Schriften zur Naturwissenschaft, Bd. 9, Weimar 1954. Zum Begriff des Typus insbes. S. 120ff., S. 135, S. 202ff.; zum Verhältnis von Veränderung und Beständigkeit: S. 298ff.

4 Die biologische Terminologie von Schelling ist hier ungenau. Für Typus stehen bei ihm sowohl die Wörter „Gattung" als auch „Art". „Art" dürfte der Bedeutung näherkommen, da das, was sich kreuzen läßt, für Schelling einem Typus angehört. Zum Begriff des Typus und dessen philosophischer Problematik vgl. G. Terton, Typologische Begriffe aus methodologischer und wissenschaftstheoretischer Sicht, in: Deutsche Zeitschrift für Philosophie (DZfPh) 1973, Heft 2, S. 243ff.

5 Vgl. F. W. J. v. Schelling, Erster Entwurf . . ., a. a. O., S. 63

6 Vgl. ebenda, S. 54

bende. „Das Individuum geht vorüber, nur die Gattung bleibt."[1] Die Organisation geht dem Individuum logisch voraus. Und so verwirklicht sich für Schelling die Naturgeschichte der Organismen in der Figur des Kreislaufs, in dem sich die Gattung – in Varietäten auseinanderlegend – endlos identisch reproduziert.

Wird aber erst einmal – wie Schelling das tut – der Begriff der Gattung oder der Art als ewiges Ordnungsschema, als unveränderliche Proportion von anatomischen und physiologischen Verhältnissen aufgefaßt, verabsolutiert und als Subjekt dem realen Prozeß zugrunde gelegt, so ist der methodische Zugang zur Entwicklungsidee verbaut. Gattungen oder Arten, sofern sie als von den ontogenetischen Kreisläufen losgelöste idealisierte Baupläne aufgefaßt werden, können tatsächlich nicht auseinander hervorgehen. So spricht für Schellings naturwissenschaftlichen Verstand, daß er ihre phylogenetische Ableitung auseinander auch nicht versucht hat. So ist es nur konsequent, wenn Schelling zu der Auffassung kommt, „daß die Natur jedes Produkt, das uns fixiert erscheint, von vorne, d. h. mit einer ganz neuen Anlage angefangen haben muß". Und wenn Schelling es für eine Aufgabe des Naturforschers hält, „diese ursprünglichen Anlagen genau ausfindig zu machen, damit er nicht etwa bloße Abartungen von einer ursprünglichen Anlage für verschiedene Arten rechne",[2] so formuliert er damit ein legitimes Anliegen der Biologie, deren Resultate letztlich auch zur Erkenntnis der Evolution beitragen. Aber auf indirektem Wege, als Voraussetzung, die noch nicht die Sache selbst betrifft; im Sinne der Aufklärung jener ontogenetischen Kreisläufe, die auch im Bereich der biologischen Bewegungsform der Materie die Vorbedingung ist, das Evolutionsgeschehen zu erkennen.

7. Die Lösung des Antinomienproblems durch „System" und „Organisation"

Der Organismus steht für Schelling – wie wir gesehen haben – für die Idee des autonomen, sich selbst regulierenden Systems ein. Ja, er verkörpert System oder Organisation schlechthin. Denn Organisation ist eben nichts anderes als jene Struktur bewußtlos verlaufender Prozesse, durch die Selbstdetermination und Selbstbewegung zustande kommen. Wenn also die Natur „Autonomie" und „Autarkie" oder „unbedingte Realität" haben soll, was bedeutet: „Die Natur hat ihre Realität aus sich selbst – sie ist ihr eignes Produkt",[3] so kann sie gar nicht anders denn als Organisation oder Organismus aufgefaßt werden, das heißt als „ein aus sich selbst organisiertes und sich selbst organisierendes Ganzes".[4]

Das ist meines Erachtens der Kerngedanke jener Gleichsetzung, die Schelling

1
2 Vgl. ebenda, S. 53
3 Ebenda, S. 63
Eb enda, S. 17 Anm. 1 4 Ebenda

in der Periode seiner Naturphilosophie zwischen Organismus und Natur oder Naturganzem vornimmt. Sie erfolgt auf einer Ebene der Abstraktion, auf der „Organismus" hinsichtlich seiner ganz allgemeinen Systemeigenschaften und Strukturverhältnisse bestimmt ist. Nur wegen dieser und nicht wegen solcher speziellen Eigenschaften des Lebendigen wie etwa der Sensibilität und Irritabilität gilt Schelling der „Weltkörper" als das „absolute Tier". Und die Übertragung des Organismusmodells auf die Natur als Ganzes, auf das Universum, ist daher kein Biologismus, wie man bei oberflächlicher Betrachtung meinen könnte, sondern der Versuch, nachdem der Mechanizismus mit den seinigen gescheitert war, mit neuen philosophischen Mitteln die Natur aus in ihr selbst liegenden Gründen, also im Sinne von Engels materialistisch zu erklären.[1]

So paradox das klingen mag: Es ist der Identitätsstandpunkt, jene Auffassung, daß Natur und Geist im Absoluten identisch sind, der dem Schema nach in die Rubrik objektiver Idealismus gehört, welcher zur immanenten, materialistischen Erklärung der Natur auf höherem Niveau verhilft, indem er die reflexive Struktur und Funktionsweise des Subjekts auf den Organismus und letztere auf das Naturganze zu übertragen erlaubt.

Mit Hilfe dieser philosophischen Operation wird es nämlich möglich, die Krise, in die der mechanische Materialismus unter anderem angesichts der neuen Entdeckungen in der Biologie geraten war, zu überwinden, und zwar so, daß der nunmehr für „grau", „cimmerisch" und „totenhaft" geltende Mechanizismus (Goethe) in seiner Gültigkeitssphäre eingeschränkt wird, nicht aber das Anliegen auf der Strecke bleibt, die Natur immanenter Erklärung zuzuführen.[2] Auch für den jungen Schelling ist die Natur rational faßbar. Aber die ihr von ihm zugeschriebene „Vernünftigkeit" zeigt an, daß sich der Inhalt des Begriffs der Rationalität oder Gesetzmäßigkeit der Natur verändert hat. „Vernünftigkeit" der Natur berücksichtigt und verarbeitet die Kritik, die von Kant am transzendentalen Gebrauch der Verstandesbegriffe geübt worden war.

Kant hatte nachgewiesen, daß die Grundthesen des mechanizistischen Weltbildes nicht auf Dinge an sich, also auch nicht auf die Natur als Ganzes anwendbar sind. Die den Mechanizismus tragende atomistische These: „Eine jede zusammen-

1 Vgl. F. Engels, Ludwig Feuerbach und der Ausgang der klassischen deutschen Philosophie, a. a. O., S. 295

2 Ausdrücklich versichert Schelling: „Es ist ein alter Wahn, daß Organisation und Leben aus Naturprinzipien unerklärbar seien." Und der mechanisch-physikalischen (und übrigens auch chemischen) Untersuchungsmethode erkennt er ihre Rechte zu, wenn er fortfährt: „Soll damit so viel gesagt werden: der erste Ursprung der organischen Natur sei *physikalisch* unerforschlich, so dient diese *unerwiesene* Behauptung zu nichts, als den Mut des Untersuchers niederzuschlagen." Aber sobald „unsere Betrachtung zur Idee der Natur als eines *Ganzen* sich emporhebt, verschwindet der Gegensatz zwischen Mechanismus und Organismus, der die Fortschritte der Naturwissenschaft lange genug aufgehalten hat" (F. W. J. v. Schelling, Von der Weltseele . . ., a. a. O., S. 444)., muß von der mechanischen Erklärungsweise zu einer höheren Form der Wissenschaftlichkeit übergegangen werden.

gesetzte Substanz in der Welt besteht aus einfachen Theilen, und es existiert überall nichts, als das Einfache, oder das, was aus diesem zusammengesetzt ist",[1] findet ebenso in der Gegenthese ihre Widerlegung wie die uns bereits bekannte mechanizistische Kausalitätsauffassung. Und die nominalistische Liquidation des schlechthin Notwendigen und Wesens: „Es existirt überall kein schlechthin-nothwendiges Wesen, weder in der Welt, noch außer der Welt, als ihre Ursache",[2] in der sich das bürgerliche Bemühen artikuliert hatte, den Wissenschaften einen vom religiösen Dogma befreiten Entwicklungsraum zu schaffen, führt sich selbst ad absurdum, indem sie – weit davon entfernt, Natur oder die Welt als Ganzes in ihrem inneren Gesetz und Zusammenhang durchsichtig zu machen – diese in das Chaos auflöst.

Das Produkt der Negation dieser (und anderer) Thesen des mechanischen Materialismus und ihrer Vermittlung mit ihren jeweiligen Antithesen ist Schellings Naturbegriff.

Für Schelling gibt es – zum Unterschied vom Mechanizismus (für den unterschiedlos alles notwendig, daher eben auch alles zufällig gewesen war) – wieder jenes schlechthin notwendige Wesen, welches die Ursache der Welt ist. Aber dieses ist kein separates Agens und weder außerhalb noch innerhalb der Natur anzutreffen, sondern schlechthin Notwendiges oder Unbedingtes ist die Natur selbst, die Natur, sofern sie als Ganzes oder als System betrachtet wird, weil sie nur in und genau in dieser Gestalt Ursache der Natur, Ursache ihrer selbst, mit sich selbst vermittelt ist. Das Universum ist, „wenn dieses die absolute Totalität ist, die alles in sich begreift, ... da es kein Objekt außer sich hat, *sich selbst* Objekt, und gegen sich selbst gekehrt".[3]

Und so wird, nachdem ihn das bürgerliche Denken zunächst als theologisch-feudal verworfen hatte, der Begriff des schlechthin Notwendigen im Begriff des absolut in sich geschlossenen, absolut sich selbst regulierenden Systems in die bürgerliche Philosophie heimgeholt.[4]

Damit erhält der Begriff der Notwendigkeit jedoch einen neuen Sinn. Zum Unterschied vom mechanischen Materialismus, in dem „Notwendigkeit" ein bloßes Synonym für die ungeordnete Gesamtheit linearer Kausalbezüge gewesen war, kommt ihr jetzt – wie in der mittelalterlichen Philosophie – wieder eine echte, das heißt strukturierende Funktion in bezug auf die objektive Realität zu. Natur als Ganzes besteht als schlechthin notwendiges, absolut in sich geschlossenes System aus einer Menge von Subsystemen, aus Einheiten, die ebenfalls in sich beschlossen sind und die daher gleichfalls ihre eigene Notwendigkeit (ihre eigentümlichen Determinationsverhältnisse und inneren Bewegungsgesetze) aufweisen. Allerdings sind diese endlichen, räumlich und zeitlich begrenzten

1 I. Kant, Kritik der reinen Vernunft, a. a. O., S. 394
2 Ebenda, S. 411
3 F. W. J. v. Schelling, Erster Entwurf ..., a. a. O., S. 218
4 Vgl. F. W. J. v. Schelling, Einleitung ..., a. a. O., S. 690f.

Subsysteme der Natur nur relativ geschlossen,[1] bzw. sie sind für Schelling – in der Terminologie der Kybernetik ausgedrückt – im Gegensatz zur Natur als Ganzes (welche ein System ohne Oberfläche, also ein geschlossenes System ist) offene Systeme, Systeme, die eine äußere Umgebung haben, mit der sie in Wechselwirkung stehen, sich jedoch in dieser vermöge der Existenz geschlossener Regulationen als Ganze und Einheiten verhalten und relativ identisch erhalten können. Genauer gesagt, sind es also nicht die Systeme, sondern ihre geschlossenen Regulationen (die Organisation und nicht ihr geronnenes Produkt = das System!), die in Schellings Begriff der Notwendigkeit verallgemeinert werden.

Dieser neue Begriff der Notwendigkeit verhält sich aber zur „linearen Kausalität" wie folgt: „Im Naturmechanismus", schreibt Schelling, „erkennen wir (solange wir ihn nicht selbst als ein *Ganzes* betrachten, das in sich *selbst zurückkehrt*) eine bloße Aufeinanderfolge von Ursachen und Wirkungen, deren keine etwas an sich Bestehendes, Bleibendes, Beharrliches – kurz nichts ist, das eine *eigne Welt bildete*, und mehr als bloße Erscheinung wäre, die nach einem bestimmten Gesetze entsteht und nach einem andern Gesetze wieder verschwindet.

Wenn aber diese Erscheinungen gefesselt würden, oder wenn die Natur selbst die materiellen Prinzipien, die sonst nur in einzelnen Erscheinungen vorüberschwinden, *innerhalb einer bestimmten Sphäre zu wirken zwänge, so würde diese Sphäre etwas Bleibendes und Unveränderliches* ausdrücken. Das *Perennierende* wären dann nicht die Erscheinungen innerhalb dieser Sphäre ... sondern das *Perennierende* wäre die *Sphäre selbst*, innerhalb welcher jene Erscheinungen *begriffen* sind: diese Sphäre selbst könnte nicht bloße *Erscheinung* sein, denn sie wäre ... das *Produkt*, und gleichsam der *Begriff* (das *Bleibende*) jener Erscheinungen."[2]

Fassen wir zusammen: Notwendigkeit ist also für Schelling Organisation. Denn Organisation bringt das Gesetz in die Erscheinungen. Sie ist damit das An-und-für-sich der Dinge, das als das Bleibende, Perennierende den Wandel der Erscheinungen durchhält, das den Erscheinungen immer schon und a priori vorausliegt. Organisation konstituiert aus dem Chaos ungerichteter kausaler Bewegungen „eigene Welten", deren Notwendigkeit nichts anderes ist als jeweils die Struktur, in der sie miteinander verknüpft sind. Und die minimale Bedingung, daß die Verknüpfung Organisation ist, besteht für Schelling darin, daß die Kausalketten zum in sich geschlossenen Wirkungskreis zusammengeschlossen sind.

„System" oder „Organisation" ist für Schelling somit ganz allgemein „vermittelte Unmittelbarkeit". Denn in der Idee der Organisation hebt sich nicht nur – wie wir angesichts von Schellings Behandlung des Organismus gesehen haben – die Antinomie von Kausalität und Zielstrebigkeit (Freiheit) in der Struktur der vermittelten Unmittelbarkeit auf, sondern auch jene zweite Anti-

1 Vgl. F. W. J. v. Schelling, Ideen ..., a. a. O., S. 278
2 F. W. J. v. Schelling, Von der Weltseele, a. a. O., S. 612

nomie, die besagt, daß jedes zusammengesetzte Ding in der Welt aus einfachen Teilen und nicht aus einfachen Teilen besteht.[1] Das System besteht nicht aus einfachen Teilen, insofern diese, jetzt unter einem einheitlichen Gesetz stehend, nicht als Teile auftreten, sondern in die Einheit und Einfachheit des Systems integriert sind (welches somit eben die in die Unmittelbarkeit zurückgegangene Vermitteltheit ist); das System besteht aus einfachen Teilen, insofern es nur deshalb überhaupt als System gelten kann, weil es die ihm subordinierten Systeme, die jeweils „in bezug auf das höhere *Einem* Körper gleich" gelten,[2] die also einfach sind, der Organisation unterwirft. Die Begriffe „Organisation" und „System" lösen für Schelling überhaupt und prinzipiell das Antinomienproblem. Denn „Organisation" ist jener endlich gefundene Begriff, der die Natur in ihrer Wahrheit und in ihrem Widerspruch aufzufassen und zu konstituieren erlaubt: in ihrem Wesen, als Ding an sich *und* als Erscheinung.

Obwohl nämlich die Organisation „Fixiertes", „Ruhendes", „Unwandelbares" und damit „Begriff", Wesen oder Ding an sich ist (das einzige An-sich, das es gibt[3]), gehört sie, sofern Organisation das Organisierte meint, auch dem Reich der Erscheinungen an. Ja, Organisation, als „das (nichterscheinende) *Unwandelbare*" ist in Wahrheit „*nur* das Produkt (der Begriff) der zusammenwirkenden *Ursachen*, ... der Begriff zusammenwirkender *Erscheinungen*, ... das, was im Konflikt jener Erscheinungen *entstanden* ist, das *Produkt*". Und so ist „Organisation" die „absolute Vereinigung des Veränderlichen und des *Unveränderlichen*, der Punkt, in dem „Erscheinung und Begriff unzertrennlich vereinigt" sind.[4]

Mit der zuletzt genannten Leistung – der Überwindung der Kantschen Teilung der Welt in Ding an sich und Erscheinung – unternimmt Schelling den Versuch, eine prinzipiell neue Beziehung zwischen den gegensätzlichen Kategorien herzustellen, deren eine Seite traditionell jeweils dem Reich der Erscheinungen und deren andere jeweils dem Reich der Dinge an sich angehörte. Den Kategorien „Substanz", „Allgemeines", „Sein", „Notwendigkeit", „Eines", „Zweck" usw. (Reihe 1), die seit Platon als Inbegriff von Realität und Mächtigkeit die Tagseite des Geistes besetzt hatten, wurden als Inbegriff des Realitätsmangels und der Ohnmacht die Kategorien „Akzidens, „Einzelnes", „Nichts", „Zufall", „Vieles", „Wirkursache" usw. (Reihe 2) als Schattenreich *subsumiert*.

In dieser Strukturformel der Begriffe, die vor allem die mittelalterliche Philosophie beherrschte, ist unschwer die profane und religiöse Welt der feudalen Gesellschaft zu erkennen. Ihre „Logik" ist einfache Subsumtion. Genauer: Die

1 Vgl. I. Kant, Kritik der reinen Vernunft, a. a. O., S. 395

2 Vgl. F. W. J. v. Schelling, Ideen ..., a. a. O., S. 278

3 „Es gibt kein einzelnes Sein oder einzelnes Ding an sich. Denn das einzige an-sich ist die absolute Identität. Diese ist aber nur als Totalität (also nur die Totalität ist das an-sich)." (F. W. J. v. Schelling, Darstellung meines Systems der Philosophie, in: Werke, Zweiter Band, a. a. O., S. 329)

4 F. W. J. v. Schelling, Einleitung ..., a. a. O., S. 612

aus beiden Reihen bestehenden Dinge (Individuen) der Welt gehen nur soweit ins Allgemeine ein und kommen für dieses in Betracht, als sie die in Reihe 1 definierten Eigenschaften besitzen. Das Verhältnis der Dinge zum Allgemeinen, zum Wesen, zur Substanz usw. ist Teilhabe an einem auch ohne sie Vorhandenem; ihr Dasein und ihre Eigenart sind ohne konstitutiven Wert für das Allgemeine, tragen nichts dazu bei, es zu schaffen, zu verändern und zu bereichern.

Diese Subsumtionsformel mußte von den Ideologen der bürgerlichen Gesellschaft verworfen werden, da in ihr das Verhältnis der Individuen zur Gesellschaft tiefgreifend verändert wurde. Der spätmittelalterliche Nominalismus, der bürgerliches Denken auf einer frühen Entwicklungsstufe repräsentiert, führte in seinem Angriff auf die Universalien den ersten Schlag gegen die „Logik" des mittelalterlichen Denkens. Wenn „Sein" nur mehr soviel bedeutet wie „Vorkommen", wird die Hierarchie der Welt in Frage gestellt. Und sie wird vom Nominalismus zugunsten einer Vorstellung von der Weltstruktur zerstört, nach der die Realität ein zufälliges Beisammensein gleichrangiger Dinge ist. Wenn auch der Nominalismus – der unentwickelten Situation der Bourgeoisie gemäß – in der Ohnmacht des nur Negativen steckenbleibt, so bringt er doch ein künftig konstitutives Moment bürgerlichen Denkens hervor. Er entdeckt, daß die Begriffe der Reihe 2 nicht nur ein geborgtes Leben führen, und daß das, was als Einzelnes, Vieles, Zufälliges der Nichtigkeit überantwortet worden war, für den Bestand der Welt unentbehrlich ist.

Für die Konstruktion eines eigenen positiven Weltbildes konnte die nominalistische Position, deren „logisches" Fazit irgendeine Variante der Idee von der Welt als Chaos ist, nicht genügen, obwohl sie sich – genährt von dem der Zirkulationssphäre der kapitalistischen Gesellschaft entspringenden Schein, daß der Markt die Sphäre ihrer Gesetze sei – bis heute in vielfältigen Formen immer wieder reproduziert hat.

In den positiven theoretischen Setzungen der neuen Klasse, in den großen Weltentwürfen der Renaissancephilosophie, die der Tendenz nach die Welt als ein in sich geschlossenes und zusammenhängendes Ganzes auszuweisen suchen, das ohne transzendentalen Eingriff nach eigenständigen und einheitlichen Gesetzen funktioniert, wird die vom Nominalismus negierte Sphäre des Allgemeinen wieder in die Philosophie heimgeholt.

Aber es bahnt sich ein neues Verhältnis zwischen dem Reich des Einzelnen und der Erscheinung und dem des Allgemeinen und Wesens an. Neben dem traditionellen Gegensatz Einzelnes – Allgemeines gewinnt der Gegensatz Teil–Ganzes an Bedeutung, um im Begriff der Totalität mit ihm schließlich eine eigenartige Synthese einzugehen. Und indem die polaren Kategorien, die den Gegensatz von zwei letzlich unvereinbaren Welten (der himmlischen und der irdischen) angezeigt hatten, an ein und dieselbe Sphäre, die Welt, gebunden werden, wird – angesichts der Entzweiung dieser Welt – ihre Vermittlung zum philosophischen Problem. Die künftige Lösungsrichtung scheint erstmalig in Nikolaus von Kues' coincidentia oppositorum auf.

Schelling und Hegel nehmen diesen Faden unter den Bedingungen der politischen Revolution der Bourgeoisie und unter dem Titel der „Vernünftigkeit" der Realität auf. Unter dem Aspekt ihrer politischen Herrschaft sieht sich die Bourgeoisie vor die Aufgabe gestellt, ihr politisches Gemeinwesen, in dem sich ihr gemeinsames Klasseninteresse artikuliert, gegen das ihm entgegenstehende, vereinzelnde, vom privaten Eigennutz geleitete bourgeoise Tun durchzusetzen, welches jedoch gleichzeitig als nichts weniger als die „natürliche" Grundlage der bürgerlichen Gesellschaft und als Triebkraft ihrer Entwicklung gilt.[1]

Die nunmehr praktisch und theoretisch zu lösende Subsumtionsaufgabe – so wie sie von Schelling und Hegel gesehen wird – besteht daher nicht in der Abstraktion von der Einzelheit, Zufälligkeit, kausalen Einzelbewegung usw., sondern in ihrer Organisation. Das heißt, zu finden ist eine Stuktur, deren Elemente zwar die einzelnen, zufälligen, bloß kausalen Bewegungen sind, in der diese aber gleichzeitig ihre vereinzelnde, systemzerstörende Tendenz (den Regreß bzw. Progreß ins schlechte Unendliche) nicht entfalten können. Die Lösung ist die Idee der reflexiven Struktur (die Subjekt–Objekt-Struktur) des Ganzen, vermöge der die Einzelprozesse so gerichtet sind, daß sie die Existenz des Systems und seine Identität konstituieren und gewährleisten.

So entsteht die Vorstellung von einem Allgemeinen, das organisiertes Einzelnes, von einem Notwendigen, das organisierter Zufall, von einem Wesen, einem Ding an sich, das organisierte Erscheinung usw. ist; das heißt, es entsteht eine Weltvorstellung, in der die Entzweiung der kategorialen Gegensatzpaare im Widerspruch aufgehoben und vermittelt und auf diese Weise produktiv geworden ist.

In der klassischen bürgerlichen deutschen Philosophie erlebt die „Metaphysik des 17. Jahrhunderts" mit anderen Worten „ihre siegreiche und gehaltvolle Restauration".[2] In der Formel von der Identität von Substanz und Subjekt, die Hegel prägen wird, erhält einerseits das Allgemeine seine Realität und Substantialität zurück, andererseits jedoch wird Substanz derart bestimmt, daß der Erkenntnisgewinn der Aufklärung festgehalten ist. Dieser hatte – wie im Beitrag „Dialektik und Systemdenken in der französischen Aufklärung" gezeigt wurde – darin bestanden, die Vorstellung von der Substanz als dem abstrakten Wesen, dem an-sich-Sein der Dinge nominalistisch zu liquidieren, um unter dem Titel des Subjekts die Dinge von seiten ihres Verhaltens, ihres für anderes Seins (als erscheinende) zu fixieren.

Schelling und Hegel gewinnen das Ansich oder die Substanz zurück, aber als über ihr für anderes Sein vermittelte, als an und für sich seiende Substanz, das heißt als Substanz, die nicht eo ipso Substanz *ist*, sondern zur Substanz immer erst *wird*, weil sie ebensosehr Subjekt ist und sich als solches nur über ihr Verhalten, ihr für anderes Sein realisieren kann. Gleichzeitig bewirkt die Identi-

1 Vgl. K. Marx, Kritik des Hegelschen Staatsrechts, in: MEW, Bd. 1, Berlin 1974, S. 305ff. S. 323ff.

2 F. Engels/K. Marx, Die heilige Familie, in: MEW, Bd. 2, Berlin 1974, S. 132

fizierung des Subjekts mit der Substanz aber auch, daß das Subjekt nun nicht länger als einzelnes Individuum, sondern als Allgemeines oder Gemeinwesen gilt und der Prozeß des Subjektwerdens der Substanz zu dem über die Tätigkeit und das Verhalten vermittelten Reproduktionsprozeß der *Gattung* wird.

So „gehaltvoll" diese Restauration der Metaphysik des 17. Jahrhunderts auch ist und so groß der mit ihr erreichte Erkenntnisfortschritt: die Unterstellung des Subjekts als Substanz, als desjenigen, was für sich zu bestehen vermag, unterstellt gleichzeitig, daß dem *Gegensatz* von Subjekt und Objekt die *Identität* des Subjekts vorausgeht. Damit aber wird das wirkliche Verhältnis von Widerspruch und Identität auf den Kopf gestellt. In der idealistischen Lesart der Dialektik erscheint das Vorausgesetzte (der Kampf der Gegensätze) als das Gesetzte und das Gesetzte (die Identität der Gegensätze) als das Vorausgesetzte. An dieser Stelle werden auch die Illusionen und Mystifikationen sichtbar, die den großartigen Erkenntnissen von Schelling und Hegel in bezug auf die dialektische und – Systemnatur der Realität Schranken setzen. Die Illusion, daß die kapitalistische Gesellschaft ihre Widersprüche zu bewältigen und zu beherrschen weiß, daß sie sich mit sich zu versöhnen vermag (den Citoyen mit dem Bourgeois und so alle anderen Widersprüche), hat die Konsequenz, daß Identität, System, Totalität und Synthese verabsolutiert werden und daß die Theorie vom Widerspruch und damit die Dialektik unterhalb ihrer wirklichen Möglichkeiten bleibt. Es bahnt sich auch – obwohl im Zentrum der Theorie die produktive, systemkonstituierende Funktion des Widerspruchs steht – bei Schelling bereits die Möglichkeit an, den Widerspruch unter das negative Werturteil der die Stabilität des Systems gefährdenden Störung zu stellen.

Dieser Aspekt wird – je weiter sich die bürgerliche Gesellschaft von ihren progressiven Anfängen entfernt – zum dominierenden und schließlich einzigen Aspekt, unter dem der Begriff des Widerspruchs zu dem des Systems in Beziehung gesetzt werden wird.

Namenregister

Sachregister

FSC
www.fsc.org
MIX
Papier | Fördert
gute Waldnutzung
FSC® C083411

Kolibri 360 GmbH
Ferdinand-Jühlke-Straße 7
99095 Erfurt, Deutschland
produktsicherheit@kolibri360.de